U0361498

内 容 简 介

　　本书是为了适应信息时代的需要，并为高等理工科、财经类院校培养复合型高素质人才而开设的现代信息决策方法课程编写的教材.全书系统地介绍了现代信息决策的理论、方法及有关应用，主要内容包括：决策方法的信息化、民主化和科学化；确定型、不确定型与风险型决策；模糊决策；灰色系统预测与决策；可拓决策；人工智能计算机辅助决策等.本书取材新颖、视野开阔、内容丰富、思路清晰、结构严谨、案例有趣、深入浅出、实用性强、富有启发性，便于教学与自学.为了加强对学生综合分析与解决问题能力的培养，在介绍信息决策理论与方法的同时，还给读者留下了一定的研究思考空间，且在每章末均配备了相当数量的复习思考题与综合练习题，以便读者巩固、复习、应用所学知识.书末附有习题答案，可供教师与学生参考.

　　本书可作为高等理工科、财经类院校相关专业本科生、研究生现代信息决策方法课程的教材或教学参考书，也可供从事信息决策工作的现代管理人员与工程技术人员学习参考.

全国高等院校面向 21 世纪课程教材

现代信息决策方法

肖筱南　　编著

北京大学出版社
PEKING UNIVERSITY PRESS

图书在版编目（CIP）数据

现代信息决策方法/肖筱南编著.—北京：北京大学出版社，2006.10

ISBN 978-7-301-10986-1

Ⅰ.现…　Ⅱ.肖…　Ⅲ.信息决策-数据处理-高等学校-教材　Ⅳ.O211.5

中国版本图书馆 CIP 数据核字(2006)第 096436 号

书　　　　名：	现代信息决策方法
著作责任者：	肖筱南　编著
责 任 编 辑：	曾琬婷　王树通
标 准 书 号：	ISBN 978-7-301-10986-1/O·0704
出 版 发 行：	北京大学出版社
地　　　　址：	北京市海淀区成府路 205 号　100871
网　　　　址：	http://www.pup.cn　电子邮箱：zpup@pup.pku.edu.cn
电　　　　话：	邮购部 62752015　发行部 62750672　理科编辑部 62752021 出版部 62754962
印 刷 者：	北京大学印刷厂
经 销 者：	新华书店
	850 mm×1168 mm　32 开本　7 印张　182 千字
	2006 年 10 月第 1 版　2008 年 2 月第 2 次印刷
印　　　　数：	5001—9000 册
定　　　　价：	14.00 元

未经许可,不得以任何方式复制或抄袭本书之部分或全部内容。

版权所有,侵权必究

举报电话:010-62752024　电子邮箱:fd@pup.pku.edu.cn

前　言

　　随着全球信息化时代的到来以及现代科学技术、社会经济的快速发展,人们在各个领域中将越来越多地面对必须解决的信息决策问题.信息决策作为一门新兴的实用性很强的综合性学科,其在向更高层次的发展过程中,必将成为广大财经、管理、统计以及理、工、医、农相关专业大学生急需掌握的一门基础技能课.

　　在面向 21 世纪的教学改革中,由于社会的信息化、网络化以及技术经济飞速发展带来的信息爆炸,决策过程涉及的问题复杂多变,决策方法研究已经成为了一个多层次、多学科、多方位的体系.决策不仅需要对大量有关信息进行分析、筛选、判断,进而进行创造性的方案拟定、评价、选择和实施,而且决策还需要快速、准确、全面的信息支持.在当今的信息化时代,数字化、网络化已经渗透到国民经济的各个部门和领域,许多常规管理和一般决策已经可以依靠计算机的信息系统提供的信息顺利而有效地进行,人工智能计算机辅助决策系统也给科学决策提供了新一代的知识处理技术,大量外界信息也可通过全球化的因特网查询.然而,就管理决策的本质而言,计算机并不是万能的.现代管理决策因其前瞻性和极强的谋略性,往往无规可循而需要进行深入分析和创造性思维才能对所有信息进行深层次的归纳分析,以提供更富创造性的战略决策.随着社会的进步与科学技术的不断发展,信息决策越来越显示出其重要作用.事实上,在众多经济与科技、工程领域,如果没有科学决策,就不可能得到可持续发展.

　　现代科学技术的迅速发展,使知识更新的速度不断加快.为了进一步适应当代知识经济发展的需要,更好地满足新世纪对高等院校培养复合型高素质人才的要求,为了使大学生进一步开拓视野、扩大知识面,提高科学决策及解决实际问题的能力,本书作者在多年来从事现代信息决策教学与科研的基础上几经易稿编写了本书.为了将这门现代信息决策新学科深入浅出地介绍给读者,在编写过程中,力求循序渐进、融会贯通、内容新颖、思路开阔、方法科学、案例有趣、实用面广、模型先进.本书既注意各种信息决策基本理论和方法的阐述,又注意读者分析问题、解决问题能力的培养,以达到既便于教师教学,又便于学生自学之目的.

本书可作为高等理工科、财经类院校本科生、研究生现代信息与决策课程的教材或教学参考书.全书共分六章,内容包括:决策方法的信息化、民主化和科学化;确定型、不确定型与风险型决策;模糊决策;灰色系统预测与决策;可拓决策;人工智能计算机辅助决策等.本书结构严谨、内容丰富、逻辑清晰、分析深刻、科学性强、实用面广.本书不仅对提高理工科、财经类院校大学生的综合素质很有帮助,而且对于现代管理人员与工程技术人员,也是一本极具参考价值的科学读物.

在本书的编写过程中,得到了厦门大学嘉庚学院及北京大学出版社的大力支持与帮助,刘勇副编审为本书的出版付出了辛勤劳动,在此一并表示诚挚的谢意.

谨将本书奉献给读者,希望它能成为每位读者学习、研究现代信息决策方法的良师益友.限于作者水平,书中难免有不妥之处,恳请读者指正.

作　者

2006 年 5 月

目　　录

2

第一章 决策方法的信息化、民主化与科学化

随着知识经济、信息时代的来临,决策方法的信息化与科学化愈来愈受到各级政府与企事业单位的高度重视,许多信息决策分析研究人员也充分运用当代前沿交叉学科与边缘学科的新观点、新方法,不断改进一些传统的信息决策方法,加强信息决策的科学方法研究,探索出一些信息决策新方法,进而可以得到一些满意的最优决策结果.然而,决策作为一门科学是从 20 世纪 50 年代之后才兴起的,经过短短几十年的发展,现已逐步形成了涉及应用经济学、社会心理学、组织理论、系统分析、信息科学、数学、运筹学和计算技术等学科的新兴边缘学科.

第一节 决策科学的现状与发展

一、决策科学的现状

1. 决策的概念

目前,国际上对决策虽无统一定义,但基本上可分为两派,即所谓狭义派与广义派.狭义派以中国经济学家于光远为代表,他提出"决策就是作决定".广义派以世界著名的经济学家、诺贝尔奖获得者赫·阿·西蒙(H. Simo)为代表,他提出"管理就是决策",把管理过程的行为纳入决策范畴,使决策贯串于整个管理过程之中.

不论是狭义的决策,还是广义的决策,其基本内涵大致可概括为以下四点:

(1) 决策总是为了达到一个预定的目标,没有目标也就无从决策;

（2）决策总是要付诸实施的,不准备实施的决策是多余的;

（3）决策总是在一定的条件下寻求目标优化,不追求优化的决策是没有意义的;

（4）决策总是在若干可行方案中进行选择,一个方案就无从选择.

综上所述,我们认为决策就是决策者为了实现特定的目标,根据客观的可能性,在具有一定信息与经验的基础上,借助一定的工具、技巧和方法,对影响目标实现的诸因素进行准确的计算和判断优选后,对未来行动作出决定的过程.

2. 决策的分类

关于决策的分类,从不同角度研究决策,可将决策问题归结为不同的类型:

（1）按决策者职能可把决策分为专业决策、管理决策和公共决策.

专业决策也称为专家决策,是指各类专业人员在职业标准的范围内,根据自己或别人提供的经验和专门知识所进行的判断和抉择;**管理决策**是指企业、事业单位的管理者所进行的决策;**公共决策**也称为**社会决策**,是指国家、行政管理机构和社会团体所进行的决策,如国家安全、国际关系、社会就业、公共福利等.

（2）按决策问题的性质可把决策问题分为程序化决策和非程序化决策.

程序化决策也称为**常规决策**,是指那些经常重复出现的决策问题,如学校的课程安排、医院的检查诊断、企业的生产调度与营销决策等.常规决策在它的方法、手段和技术不断提高的情况下,正在朝着准确化和程序化的方向发展.由于常规决策方法的使用产生了巨大的经济效益与社会效益,其应用领域和范围也在不断扩大.为了适应这一特点以及由于常规决策日益普及和迅速发展的需要,许多重复性常规决策均已编制成计算机程序,可供使用者随时调用,进而可以使得许多过去需要专职人员处理的常规决策实现了自动化.

非程序化决策也称**非常规决策**,是指那些尚未发生过、不容易重复出现的决策问题,这类决策问题比常规决策问题的数量要少,但其规模却要比常规决策大.它涉及的多是与国家或地区政治、经济、科技、文化的发展战略有关的问题,或是一些大规模工程的决策问题.这类决策涉及的因素很多且条件千差万别,没有一定的规律可循.如要解决这类问题,决策者必须发挥其创造性思维,而不能盲目受常规决策数学化与程序化的影响,将非常规决策加以规范化.

愈是高层的决策,非程序化的决策就愈多.美国决策学家拉德福特(K. J. Radfora)还把决策分为完全规范化决策、部分规范化决策和非规范化决策三类,这与程序化决策和非程序化决策的划分有些相似.完全规范化决策是指决策过程已经有了规范的程序,包括决策模型、数学参数名称、参数数量以及选择的明确标准等,只要外部环境基本不变,这些规范的程序就可重复使用于解决同类问题,完全不受决策人主观看法的影响;非规范决策是完全无法用常规办法来处理的一次新的决策,这类决策完全取决于决策者个人,由于参与决策的个人的经验、判断或所取得的信息不同,对于同一问题会有不同的观点,不同的决策者往往可能做出不同的决断;至于部分规范化决策则是介于两者之间的一种决策,即决策过程涉及的问题,一部分是可以规范化的,另一部分则是非规范化的,对于这类问题的解决是先按规范化办法处理规范化部分的问题,然后再由决策者在此基础上运用创造性思维对非规范化部分做出决断.

(3)按决策条件的不同,决策问题可分为确定型决策、风险型决策和不确定型决策.

确定型决策是指那些未来状态完全可以预测,有精确、可靠的数据资料支持的决策问题,如企业生产管理中的资源平衡问题等.

风险型决策是指那些具有多种未来状态和相应后果,但只能

3

得到各种状态发生的概率而难以获得充分可靠信息的决策问题,显然这种由概率来做出判断,选择方案的决策要冒一定的风险,所以称为风险型决策.如企业在市场预测基础上的新产品决策问题等.

不确定型决策是指那些决策时条件不确定,决策者对各种可能情况出现的概率也不知道的决策问题,在这种情况下,决策只能凭经验、态度和意愿进行,如管理制度改革的决策等.

(4)按决策目标分类可把决策问题分为单目标决策和多目标决策.

单目标决策是指决策要达到的目标只有一个的决策.如个人证券、期货投资的决策即是单目标决策,很明显,在这类决策中,投资目标只有一个,即追求投资收益的极大化.

多目标决策是指决策要达到的目标不止一个的决策.在实际决策中,很多决策问题都是多目标决策问题.如企业目标决策问题,企业的目标往往除了利润目标以外,还有股东收益目标、企业形象目标、控制集团利益目标、职工利益目标等,多目标决策问题一般比较复杂.

(5)按决策方法分类可把决策问题分为定性决策和定量决策.

定性决策是指决策者靠定性分析、推理、判断而进行的决策,它重在决策问题质的把握.当决策变量、状态变量及目标函数无法用数量来刻画时,就只能作抽象的概括与定性的描述.如选择目标市场等.

定量决策是指决策者利用运筹学等数学方法进行的决策,它重在对决策问题量的刻画.这类决策问题中的决策变量、状态变量、目标函数都可以用数量来描述,且在决策过程中可运用数学模型来帮助人们寻求满意的决策方案.如企业内部的库存控制决策、成本计划、生产安排、销售计划等.

定性和定量的划分是相对的.在实际决策分析中,定量分析之前往往都要进行定性分析,而对于一些定性分析问题,也要尽可能使用各种方式转化为定量分析.定性和定量分析的有机结合,可以提高决策的科学化.

(6) 按决策思维方式划分,可把决策问题分为理性决策与行为决策.

理性决策是以逻辑思维为主,根据现成的规则评价方案,追求清晰性和一致性的决策,而**行为决策**则是以直觉思维为主的决策,行为决策不像理性决策那样按一定程序有计划有步骤地进行,而是靠直觉做出判断.

此外,决策问题还可分为单变量决策和多变量决策、单项决策与序列决策、个体决策和群体决策、战略决策和战术决策、宏观经济决策和微观经济决策、高层决策、中层决策和基层决策等,在此不再一一赘述.

3. 决策的原则

(1) 最优化原则.

决策总是在一定的环境条件下,寻求优化目标和优化地达到目标的手段.不追求优化,决策就没有什么意义.科学决策的一个重要原则就是最优化原则.例如在经济决策中,常常要求以最小的物质消耗取得最大的经济效益,以最低的成本取得最高的产量和最大的市场份额,获得最大的利润等等.此外,科学决策还存在次优原则,这是由于在复杂的客观世界中,由于环境的变化,许多问题不存在最优解,或无法求出最优解,因而常常采取被人们所能接受的满意化标准,这种原则称为"满意"的原理.

(2) 系统原则.

决策环境本身就是一个大系统,尤其是经济决策更是处于系统的层次之中.国民经济系统包含着许多相互联系、相互制约的子系统,如工业系统、农业系统、交通运输系统、商业系统等等,这些系统是紧密地处于相互联系的结构之中的.因此,在决策时应注意应用系统工程的理论与方法,以系统的总体目标为核心,以满足系统优化为准绳,强化系统配套、系统完整和系统平衡,从整个系统出发来权衡利弊.

(3) 信息准全原则.

决策的成功或失误,不仅与决策的科学性有关,而且与信息是否准、全的关系更为密切.信息是决策成功的物质基础,不仅决策前要使用信息,而且决策后也要使用信息.通过信息反馈,可以了解决策环境的变化与决策实施后果同目标的偏离情况,以便进行反馈调节,进而由反馈信号适当修改原来的决策.

(4) 可行性原则.

决策必须可行,不可行就不能实现决策目标.为此,决策前必须进行可行性研究.可行性研究必须从技术上、经济上以及社会效益等方面全面考虑,不同的决策目标有不同的可行性研究内容.

(5) 集团决策原则.

随着信息社会的来临与科学技术的飞速发展,社会、经济、科技等诸多问题的复杂程度与日俱增,不少问题的决策已非决策者个人或少数几个人所能胜任.因此,充分利用智囊团决策就成为了决策科学化的重要保证,这也是集团决策的重要体现.所谓集团决策,就是充分依靠与运用智囊团,对要决策的问题进行系统的调查研究,弄清历史和现状,掌握第一手信息,然后通过方案论证和综合评估以及对比择优,提出切实可行的方案供决策者参考.这种决策是决策者与专家集体智慧的结晶,是经过可行性论证的,是科学的,因而也是符合实际的.

4. 决策的程序

一个完整的科学决策过程,必须经历以下步骤:

(1) 通过调研明确决策问题,确定决策目标.

确定决策目标是科学决策的重要一步,没有决策目标,就不存在决策.而在确定决策目标之前,必须要进行深入细致的调查研究.所谓决策目标是指在一定的环境和条件下,在预测的基础上所希望达到的结果.建立决策目标不能脱离被决策主体的实际背景,要切合实际,要本着充分利用被决策主体的有利条件以及提高社会经济效益的原则建立决策目标.确立目标首先要明确问题的性质、特点、范围、背景、条件、原因等.合理的决策目标一般须满足如下条件:一是含义准确,便于把握,易于评估;二是尽可能将目标数量化,并明确目标的时间约束条件;三是目标应有实现的可能性并富于挑战性.

(2) 搜集、处理信息,预测发展趋势.

准确、全面的信息以及对信息资料的科学分析是正确决策的前提.可见进行科学决策必须重视调查研究与信息搜集工作,尽可能运用各种方法全面获取所需信息,并采用科学的方法对信息进行分析处理,对事物的发展趋势进行科学的预测,为决策优化奠定可靠的基础.

(3) 制定方案,进行对策.

确定了目标,取得了一定信息资料和进行了预测之后,就可以拟定各种方案,进行对策.拟定备选方案通常是一个富有启发性的非常细致的创新过程,应在广泛搜集与决策对象及环境有关的信息,以及从多角度预测各种可能达到目标的途径及每一途径可能产生的后果的基础上进行.制定方案应特别注意具有创新精神,既要充分发挥经验与知识的作用,又要充分拓展思想、集思广益,发挥众人的想象力与创造力,力图从新的角度、新的视野去看待决策问题,以期拟定出尽可能多的新颖的可行方案.

(4) 全面比较,评价方案.

评价方案要根据预定的决策目标和建立的价值标准,确定方案的评价要素、评价标准和评价方法.然后对拟定的可行方案进行全面分析比较.每个方案都应根据其价值大小、费用高低及风险特性进行分析评价.

分析评价的过程,一般是先建立各方案的物理模型或数学模型.然后求得各种模型的解,并对其结果进行评价.在这一过程中,依靠"可行性分析"和"决策技术"(包括树形决策、矩形决策、统计决策和模糊决策等),使得各种方案的优劣得以科学地表达,然后全面加以比较,最后择优选取方案.

（5）模拟试验,验证方案.

方案选定后,目标是否正确,方案是否满意,还要通过局部或整体试验,以验证方案运行的可靠性,其中还包括选定方案对决策条件发生变化时的敏感性分析.在条件允许时,应尽可能进行典型试验或运用计算机对有关方案进行模拟试验.

（6）实施方案,反馈修正.

选定了方案并不意味着决策过程的结束,而是一个新阶段的开始——组织人力、物力及财力资源,实施决策方案.决策制定与决策执行结合起来,才构成科学决策的全部过程.在实施决策的过程中,决策机构必须加强监督,及时将实施过程的信息反馈给决策制定者,决策者可将执行结果与预期结果相对比,如发现偏差,则可及时采取追踪修正措施以期适应客观实际.决策程序如图 1-1 所示.

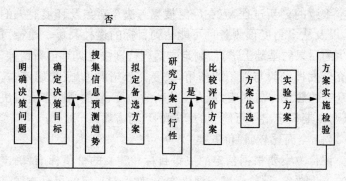

图 1-1　决策程序图

二、决策科学的发展

决策学从经验决策发展到科学决策,经历了几千年的发展历程.在原始社会,人们为了生存,艰难地同大自然搏斗,艰辛地劳动,促进了人们有意识、有目的地采取行动,总结劳动经验,提高劳动能力,使人类不断进步与发展,从而产生了人类早期的决策思想和粗犷的决策活动;经过农业社会、工业社会的长期实践,进一步丰富了人类的斗争经验,决策能力得到不断的提高与加强;随着知识经济、信息时代的来临,决策科学得到进一步发展,决策理论与决策科学本身的科学范畴及其结构也在日趋成熟与完善.

决策科学是随着近代工业和社会的发展而出现的一门新的、综合性很强的学科.对于这样一门新兴的学科,还需要我们在大量的科学决策活动的基础上不断分析、归纳、概括、抽象和总结,从而找到决策科学本身的科学范畴和结构,并在这一前提下进一步寻求各种优化决策的新方法.

计算机的问世及其迅速发展,为决策的科学化和现代化铺平了道路.决策支持系统与决策支持模型,单目标决策与多目标决策等现代科学决策的方法与技术,使决策科学化进入了新的发展阶段,即所谓量化发展阶段.人们利用电子计算机和数学工具,分析决策活动中的各种因素,利用决策模型,研究各因素之间的定量关系,对预测与决策方案的正确性、可行性进行评估,采用系统分析法,对各种预选方案进行评价与选择,利用预测方法对决策后果进行事前评审,这都大大提高了决策的科学水平和促进了现代决策科学的形成与发展.

现代决策科学的发展和决策研究的不断深入,以及决策实践中提出的新问题,迅速地促使决策方法数学化、模型化、计算机化,进而又要求数学处理手段和逻辑程序的不断提高,又促进了数学的发展.20 世纪 60 年代初期,国际上出现了一股追求决策数学化、精确化与程序化的热潮,甚至部分学者认为所有决策问题都可以用数学模型来描述,忽视了决策目标的经济效益和管理决策组织行为的作用.然而,经过决策实践的检验,人们逐渐认识到,盲目地、过分地追求管理决策方法的数学化与程序化,不仅不能成功地解决决策问题,有时反而还会造成决策失误并为此付出高昂的代价.

决策科学的发展过程,经历了从经验决策到科学决策的不同阶段.决策活动从方法上经历了由个人的、直观的、定性的决策发展到规范性的决策,再发展到定量的决策,而当人们想用全部定量的方法解决决策问题时,又遇到实践上行不通的不可逾越的困难,于是又反回来向直观的定性的方法求助.从辩证法的角度来看,这并不是倒退,而是一种螺旋式的上升,是一种定性与定量相结合的可以达到更高层次的科学决策.

现代决策科学的发展,加速了一系列边缘科学的发展,譬如运筹学、控制论、信息论以及系统论等学科,都在科学决策中有着重要的应用,且支撑着决策科学的发展.可以预见在不久的将来,随着我国科学技术的不断发展与政治、经济体制改革的不断深化,决策民主化、信息化与科学化的进程将会有一个飞速的发展.

第二节　科学决策与信息分析

在当前全球性的信息化时代,随着世界经济全球化与科学技术的飞速发展,在各项事业的发展进程中,人们将越来越多地面对必须解决的科学决策问题,科学决策已经成为社会各阶层科学技术工作者与管理工作者的重要研究课题.而从战略决策的角度看,正确的决策来源于正确的判断,正确的判断来源于全面的信息收集与系统分析,从而达到对客观情况的全面而系统的把握.事实上,决策过程就是在及时、准确、全面掌握信息,深入、严格、系统地进行信息分析的基础上,依据决策对象的发展规律及其发展的内外条件,在不断变化的环境中,作出最有利于决策对象发展的决断,并具有有效地监督实施过程.就其本质而言,决策研究就是一个对大量有关信息进行分析、筛选、判断,进而进行创造性的方案拟定、评价、选择和执行的过程.

10

社会的信息化以及技术经济发展带来的信息爆炸,使得决策过程变得越来越复杂,决策过程已经成为一个多信息、多层次、多学科、多方位的系统工程.而从本质上讲,信息分析是属于决策研究范畴中的一个重要组成部分.

在社会信息化的时代,数学化、网络化已经开始渗透到国民经济的各个部门和领域.计算机自然而然地要应用于辅助决策之中,各种各样的数据库系统、管理信息系统和决策支持系统也应运而生.许多常规决策与管理已经可以依靠计算机的信息系统提供的信息顺利而有效地进行,大量的外界信息也可通过全球化的因特网查询.然而,就管理决策而言,计算机并不是万能的,尤其是在现代管理中占有重要地位的战略决策,因其前瞻性和极强的谋略性质,往往无常规可循,需要人们深入地分析和人的创造性思维.对此,信息分析由于其丰富的信息源优势,并通过对信息深层次的归纳分析与加工整理,将会给科学决策提供更富创造性的战略决策依据.

就本质而言,决策研究是一个通过信息分析与决断论证,达到科学决策的过程.而由于问题的复杂性与多样性,决策研究也成为一个多层次、多学科、多方位的体系.就决策研究的内容和形式而言,信息分析是基础性的工作.下面我们可用两个示意图来简要描述信息分析研究与软科学以及决策研究的关系.图 1-2 用金字塔式的结构表明了信息分析和软科学研究在决策研究中的范围和作用.

图 1-2　信息分析在决策研究中的作用

注 就性质而言,信息分析研究可以服务于任何一种决策研究;就其资源条件和历史发展而言,目前信息分析研究主要集中在比较基层的系统分析评价以下的类型.而以决策咨询为主的软科学研究则主要集中在技术预测、评价和系统分析评价等方面.此外,软科学研究比较重视分析评价方法和模型的建立,而信息分析研究则以利用信息进行实际工作为主.最上层的发展战略研究和大型工程论证,则主要是在上级主管部门领导下,依靠各行业和领域的专家联合决策,再经综合集成和高层集中统一而成.其中信息分析研究和软科学研究都起到了重要作用.

图 1-3 绘出了信息分析研究为决策服务的信息流程.

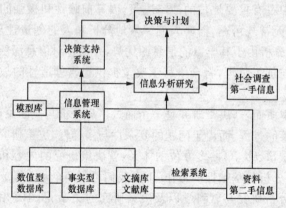

图 1-3　信息分析研究向决策提供信息的流程

图 1-3 的左边部分表示信息分析研究发展的方向,即以计算机的信息系统为基础,依靠第一手和第二手信息、以及经加工存储到不同类型数据库中的信息,经系统分析提出决策建议的流程.

当前,技术经济迅速发展带来的信息爆炸,使决策研究越来越趋于信息化.从信息论的角度来看,信息爆炸意味着人们面对着的信息包含三个层次:数据—信息—情报.其中的大量信息,严格地说,应该称为数据.数据是直接获取的材料,具有很大的不确定性,

12

信息则是消除了不确定性的、真实可信的东西. 而信息分析的任务,就是将数据加工成便于查询检索的信息系统,通过网络提供全方位准确的信息服务. 此外,由于激烈的竞争,社会各界都需要进行战略决策,战略决策要依据战略情报,战略情报实际上就是有创造性和知识发现功能的一种智力劳动,这是计算机化的信息系统做不到的,它需要信息分析研究人员的参与. 信息分析人员通过对信息的深层加工与研究,便可形成好的战略情报,为战略决策的优化服务.

第三节 硬科学决策与软科学决策的民主化、科学化

硬科学决策又称数学决策,一般地硬科学决策是先建立方程式、不等式、逻辑式或概率分布函数等来反映决策问题,然后再用数学手段求解,进而分析得出最优方案. 硬科学决策所应用的数学工具主要是运筹学,其中包括线性规划、非线性规则、排队论、对策论、最优化理论等;另外,系统分析、系统工程、网络图论等也常用到. 当然,所有这些问题的计算,都是在电子计算机的帮助下完成的.

硬科学决策使决策科学摆脱了个人经验的束缚,从而使决策科学走上了严格的逻辑论证之路. 而电子计算机的使用又使得决策的时效性与准确性得到了飞速提高. 但硬科学决策过分追求决策的硬化,这对于一般决策问题并不要求最优,而只要求满意的决策方案而言,硬科学决策忽视了满意决策中各方面因素的协调作用,进而使得决策方案不一定符合实际. 因此,决策的软化就成为了科学决策的一个重要研究课题. 这就是说,要实现决策科学化与决策民主化,就必须大力发展软科学.

软科学决策又称专家决策,它是近年来发展起来的一门新兴综合学科,它对于决策科学的发展有着重要意义. 软科学决策的主要内容是指"专家决策"的推广和科学化,同时也包括一些硬科学

决策的软化工作. 软科学决策可以通过所谓"专家法"把心理学、社会学、行为科学和思维科学等各门学科的成就应用到决策中来, 并通过各种有效方式, 使专家在不受干扰的情况下充分发表见解, 进而使决策更加科学化、民主化.

一、硬科学决策方法概述

我们知道, 硬科学决策所应用的数学工具主要是运筹学. 运筹学 (opration research) 产生于第二次世界大战期间. 当时, 军事上出现了许多超出指挥员知识范围的技术问题, 为了解决这些问题, 军事部门组织了许多科学家进行研究, 为作战决策提供依据, 于是运筹学应运而生. 战后, 运筹学被运用到工业、农业、科学技术、经济学等各个领域并取得了许多成果. 同时, 运筹学的理论也逐步得到完善. 现在, 运筹学已经成为了系统工程中定量分析的重要理论和数学工具, 在管理决策中, 运筹学也起着十分重要的作用.

运筹学研究包括线性规划、非线性规划、整数规划、动态规划、排队论、更新论、搜索论、统筹法、优选法、投入产出法、蒙特卡洛法、价值工程等内容. 现选几种分述如下.

1. 线性规划

线性规划是对满足由一组线性方程或线性不等式构成约束条件的系统进行规划、并使由系统诸因素构成的线性方程表示的目标函数达到极值, 从而求得系统诸因素最佳参数的一种数学方法.

线性规划是 20 世纪 40 年代末发展起来的一门新兴学科. 现在, 线性规划已成为了决策系统静态最优化数学规划的一种重要方法, 它作为管理决策中的数学方法, 在决策科学中具有重要的地位. 线性规划是管理决策中运用最小费用达到一定目的、或力求在有限资源上取得最大效益的一种最有效的定量决策分析技术, 线性规划的数学模型可描述为

$$目标函数: \max X = c_1 x_1 + c_2 x_2 + \cdots + c_n x_n;$$

$$\text{约束条件：} \begin{cases} a_{11}x_1 + a_{12}x_2 + \cdots + a_{1n}x_n \leqslant b_1, \\ a_{21}x_1 + a_{22}x_2 + \cdots + a_{2n}x_n \leqslant b_2, \\ \cdots\cdots\cdots\cdots\cdots\cdots\cdots\cdots\cdots \\ a_{m1}x_1 + a_{m2}x_2 + \cdots + a_{mn}x_n \leqslant b_m, \\ x_1, x_2, \cdots, x_n \geqslant 0. \end{cases}$$

2. 非线性规划

在决策系统中,除许多决策问题可以归结为线性规划问题外,还存在另一类问题,即在其目标函数或约束条件下,有一个或多个是自变量的非线性函数,这样的问题就是非线性规划问题. 对于一般的非线性规划,现有的算法很多,如搜索法、梯度法、变尺度法、罚函数法、拉格朗日乘子法等. 虽然方法很多,但目前非线性规划还没有适用于各种问题的通常算法,各种方法都有自己特定的适应范围.

从数学角度来讲,非线性规划就是一元或多元非线性方程组,在有约束条件或无约束条件下求极值的问题. 但对于大量的问题,它们并不满足极值存在条件,因此,即使求出极值点,也难于判断是否属于最优解. 所以,除了极个别目标函数经过微分求得导数方程组,进一步求解方程组得到最优解外,对于一般的非线性规划问题的求解,大量使用的方法是: 根据目标函数的特征,构造一类逐次使目标函数值下降的搜索方法.

非线性规划的数学模型为

$$\text{目标函数：} \max Y = f(x_1, x_2, \cdots, x_n);$$

$$\text{约束条件：} \begin{cases} \phi_1(x_1, x_2, \cdots, x_n) \geqslant 0, \\ \phi_2(x_1, x_2, \cdots, x_n) \geqslant 0, \\ \cdots\cdots\cdots\cdots\cdots\cdots\cdots \\ \phi_m(x_1, x_2, \cdots, x_n) \geqslant 0. \end{cases}$$

3. 动态规划

动态规划是 20 世纪 50 年代由美国数学家贝尔曼等人根据决

策系统多阶段决策问题的特征及最优化原理,提出解决这类问题的一种决策最优化的数学手法.而动态规划决策问题,就是指对于可以分为若干相互联系阶段的一类活动过程,在每一个阶段都需要做出决策,并且每一阶段的决策确定以后,会常常影响到下一阶段的决策,从而影响到整个活动过程的决策.各个阶段所确定的决策就构成一个决策序列,通常称为一个策略.由于每一个阶段都有若干方案可供选择,因而就形成了许多决策方案(策略),策略不同,其效果也就不同.而多阶段的决策问题,就是要在这些可供选择的策略中,选取一个最优策略,使其在预定目标下达到最优结果.

动态规划的最优化原理是:多阶段决策过程的最优策略应具有这样的性质,即不论初始状态与初始策略如何,对于前面决策所造成的某一状态而言,下属的所有决策总构成一个最优策略.它在动态规划中起着决策作用.

根据决策系统动态过程时间参变量为离散与连续,以及状态变化的确定性与随机性,决策系统的多阶段决策问题可分为离散确定型、离散随机型、连续确定型和连续随机型.动态规划在生产计划、工序安排、机器负荷分配、水库资源调度、最优装载、最短路线、可靠性优化、收益与投资等方面都有着广泛的应用.

4. 排队论

我们知道,在日常生活中,由于许多因素的影响,顾客到达的时间与服务台服务时间都是随机的,当在某一时刻要求服务的顾客超出服务台的服务容量时,顾客就必须排队等待.在日常生活和生产中,排队不只是以有形的方式出现,还有无形的方式.例如,打电话因占线而需等待,发生故障的机器等待修理,靠码头的轮船等待装卸,飞机因跑道占满等待着陆,等等,都是无形排队的例子.

顾客与服务台构成的排队系统也称为随机服务系统.而排队论研究的目的就是要找出各种排队系统的规律性,从而使顾客流与服务系统合理匹配,解决各种排队问题并使之达到最优化的程度,以减少因排队现象严重对顾客带来的损失、或因排队等待时间过长而使大批顾客离开服务系统对服务机构造成的损失.

排队现象尽管千差万别,但都可以抽象为:顾客到达服务台,不能立刻得到服务时排队等待,然后服务台空闲时马上接受服务,服务完离去.排队模型可以表示为下图1-4.

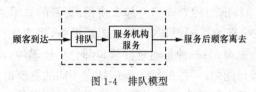

图 1-4　排队模型

排队论研究的内容包括:

(1)性态问题.研究各种排队系统的概率规律性,主要是研究队伍长度分布、等待时间分布和忙期分布等,其中包括瞬时和稳态两种情形.

(2)最优化问题.分析静态最优和动态最优,前者指最优设计,后者指现有排队系统的最优运行.

(3)库存定量决策方法.如何确定库存的最佳量,这是科学技术与经济管理各个领域中经常遇到的一个最优决策问题.从1915年有人提出了存贮问题中著名的"最佳批量公式",到第二次世界大战期间,由于生产和战争的需要,出现了各种库存问题,随之产生了许多解决方法,再到20世纪50年代,就形成了运筹学的一个分支——存贮论.对于库存管理方面的决策问题,通常可以归纳如下:

1° 在一定的规定时间内,合理库存量是多少?

2° 何时是此库存量合理的订货时间?

为了解决上述问题,可以设计各种库存模型,并借助电子计算机,判断出各种库存问题的最佳决策,为社会生产实践服务.

5. 更新论

机器设备在运行期间,由于各种因素的影响,会使其运行能力减弱.那么,在什么时间、选用什么技术来改善这些设备的运行能力,使其恢复或接近初始状态?对于这样一些问题的研究所形成的理论,就是更新论.

更新的时间间隔分为三种:(1)定期,即在一个固定的周期内对设备予以更新;(2)随机,即在设备发生故障时予以更新;(3)混合,即将前两种方式结合起来使用.更新的技术措施分为两种:一种是全部淘汰旧设备,并代之以新设备,使之完全恢复初始状态的运行能力;另一种是通过修理和部分更换零件,使之接近初始状态的运行能力.不同的技术措施结合不同的更新时间间隔,形成了控制设备运行能力的不同策略,也带来了不同的经济效益.

更新论的内容包括:

(1)设备运行能力状态种类分析和定量描述方法研究;

(2)各种更新设备成本估算和对设备运行能力状态关系讨论;

(3)各种更新模型最优控制策略研究;

(4)维修机构的有效布置、构成和运用方式研究等.

更新论的基础是可靠性与随机服务系统理论、经济系统分析、模拟技术等.随着现代技术设备更新率的提高,这门学科的应用将会得到迅速推广.

6. 优选法与统筹法

优选法与统筹法都是近半个世纪以来发展起来的科学方法,它们都是同时属于数学科学与管理科学的交叉科学.

优选法是以数学上寻求函数的极值原理为根据的快速而较精确的计算方法.1953年美国的基弗提出了单因素优选法,即分数法和0.618法.此外,还有多因素优选法,但因其涉及的问题复杂,方法和思路较多,多因素优选法的理论与方法研究还有待于进一步深入.

统筹法顾名思义就是统一筹划的意思.它的基本特点就是在统筹图上,对管理项目或工作的各个环节,按主次缓急标识出来,以便合理安排使用人力、物力、财力,对整个工程进行协调和控制,从而可大大提高工作效率.

优选法和统筹法的应用范围很广,在国民经济以至于军事部门中都有着极其广泛的应用,是管理决策的一个重要工具.

7. 投入产出法

投入产出法自 1936 年美国经济学家列昂节夫首次提出至今,已有很大发展.它是研究经济体系中各个部门间投入与产出相互依存关系的一种重要的数量分析方法.投入产出法的基本内容包括理论基础、平衡表和数学模型.其特点为:

(1) 从国民经济这个有机整体出发,综合所研究的各个部门间的数量关系,既有综合指标,又有按产品部门的分解指标,两者有机结合.

(2) 投入产出表采用棋盘式,纵横互相交叉,从而使它能从生产消耗和分配使用两个方面反映产品在部门之间的动态过程,即可同时反映产品的价值形式和使用价值的动态过程.

(3) 投入产出表通过各种系数,一方面反映在一定技术水平和生产组织条件下国民经济各部门之间的技术经济联系,另一方面用于测定和体现社会总产品与中间产品,社会总产品与最终产品之间的数量关系.它既反映部门之间的直接联系,又反映部门之间的全部间接联系.

(4) 投入产出表本身就是一个经济矩阵,是一个部门联系平衡模型,且可运用现代数学方法和电子计算机进行运算.这不仅可以保证计划计算的及时性与准确性,而且也是经济预测和发展决策的一个重要手段,为国家确定长期的战略目标和制定长远发展规划进行经济论证,并提供多种可选择的方案.此外,投入产出法在研究价格形成、经济效果、国际贸易、人口等许多重要的经济预测与决策方面,均起到重要作用.

投入产出法已在我国得到了广泛应用,利用投入产出模型可以进行经济分析和经济预测,还可为制定科学决策提供重要依据.

二、软科学与软科学决策的民主化、科学化

软科学是研究社会经济、科学技术协调发展的一门高度综合的科学.它以阐明现代社会复杂的政策问题为目标,应用信息技术、系统工程、行为科学、社会工程、经营工程等与决策有关的各个领域的理论与方法,借助于电子计算机等先进技术手段,通过定量和定性分析,对包括人和社会现象在内的广泛范围内的对象,进行跨学科的研究,以提供社会协同发展的合理模式.

软科学与硬科学,在科学体系上犹如人的两条腿一样,总是相辅相成的.软科学与硬科学的发展,一般总是平行的,并与当时的生产力发展水平相适应.在自由资本主义发展的初期,工业生产规模还小,资本家就是企业的唯一决策人,老板凭自己的经验和直觉判断,就可以处理经营决策和生产管理中的一系列重大问题.这是经营管理阶段.到了 19 世纪末,资本主义发展到垄断阶段,生产规模迅速扩大,这时,企业要想在激烈的竞争中生存下去,单凭老一套的经验管理就不行了,于是生产管理必然由经验管理发展到科学管理.而第二次世界大战以后,由于科学技术的迅猛发展,生产规模急剧扩大,企业的经营环境更加复杂多变.体力挖掘已接近极限,因而转向挖掘人的智力资源,传统的科学管理理论逐渐发展成为管理科学.随着信息化社会的来临,在当今,不仅管理科学,而且其他如科学学、系统分析、科学技术论等,都无不以开发人的智力资源为基础在不断向前发展.

软科学研究总是与决策科学紧密相关的.软科学研究的最终目的就是为了保证决策科学化与民主化.只要有决策行动,就会有决策研究;只要有决策程序,则必有决策技术.实现决策的民主化与科学化,已经成为了现代化建设和探索各项体制改革的必由之路.

软科学是自然科学与社会科学交融的结果.这种交融,也为决策民主化与科学化奠定了坚实基础.其主要表现为:

（1）现代自然科学的发展为解决非线性、模糊性、随机性、突变性和可拓性等现象提供了有效工具，使社会科学与自然科学的交融成为可能，并为决策的民主化和科学化奠定了基础；

（2）电子计算机的不断发展，特别是系统仿真技术、专家咨询系统、系统动力学等学科的日趋成熟，为决策科学化提供了技术手段；

（3）控制论、信息论、系统论、耗散结构理论、协同学、紊乱学以及有序体的自组织结构分析等研究成果，为决策逻辑模型的建立以及决策的定量研究提供了有效工具；

（4）心理学、社会心理学和管理心理学的发展，为研究决策的心理机制和心理过程，提供了有价值的分析方法.

我国的软科学研究起源于 20 世纪 50 年代.著名数学家华罗庚推广的优选法、统筹法，著名科学家钱学森倡导的系统工程以及中国科学院研究的投入产出法等，都对国民经济和科学技术的发展产生了巨大的推动作用.近年来，软科学中的各种预测方法、决策方法和管理方法的成功应用实例充分说明了软科学研究的科学性与权威性.软科学研究利用现代物理学、数学和社会科学的许多理论与方法，采用电子计算机等先进计算机测试手段，通过典型调查、抽样调查、数理分析、统计分析和各种模型的推导，把定性研究和定量研究结合起来，从各个方面对大系统及其各个相关因素进行周密研究、测算，从而得到可供选择的最优方案.无论在国内还是国外，无论是经济问题、社会问题还是科学技术问题，这种研究理论和方法都是可以取得重大成功的.当然，像任何事物都有其局限性一样，软科学研究采用的方法也不是万能的.但只要我们认识到它的局限性，并在合理的范围内发挥它的作用，它就不失为一种科学有效的方法.

加强软科学研究，是时代的要求和社会发展的需要.当前，我国正在开展现代化建设和深化各项体制改革，除了正确处理党政关系，完善各项制度以外，作为健全民主制度重要内容的决策民主化,也是其中的一个重要方面.注意吸收科技工作者,特别是软科学工作者参加决策,将对于决策的科学化与民主化、提高科学决策效益、进一步深化各项体制改革起到有效的推动作用.

三、管理决策的模式与程序

随着现代社会的高度发展,管理决策越来越成为各行各业管理活动的一个重要组成部分,并越来越引起各行各业高层管理者的高度重视.那么,要科学地进行管理决策,它的全过程应该包括哪些步骤与程序呢?

1978 年诺贝尔经济学奖获得者、美国著名的经济学家、决策学家西蒙有句名言:"决策贯穿管理的全过程,管理就是决策".西蒙认为科学合理的决策程序应包括参谋活动阶段、设计活动阶段和选择活动阶段.即如下三个基本阶段:

(1) 找到问题的症结,确定决策的目标;

(2) 拟定各种可能的行动方案供选择之用;

(3) 比较各种可能方案并从中选出最合适的方案.

事物的发展,主观对客观世界的改造,无不遵从"实践—认识—再实践—再认识……"这样一个辩证的运动发展过程.在这一过程中,是由不断发展的人的认识,对人们改造客观世界的实践(未来)作出一系列的决定.在这种决策的指导下,人们的社会实践活动才能按照人们的理想、意图和目标前进,才能使主客观相符合,达到改造客观世界的目的.只有在这种意义上才能说,管理就是决策.也就是说,管理就是主观能力与客观实践这对矛盾对立统一体在既斗争又统一的发展过程中的主观能力.它并没有划定系统范围的大小,但在时间系列上,则是一个以时间为变量的集合.实际上,这种不断的决策与实践,是一个连续的过程,所以又可以说,管理就是一个微分决策的积分,即是一个不断地作出一个又一个对未来的实践的决定的长链条的过程.在这一过程中,人们要不断地吸收客观实践的各种信息,并根据对收集到的信息所作的分析与判断,不断作出新的规定.以上把决策看作一个过程的看法,实际上就是认为"管理就是决策".这一过程可用图 1-5 表示.

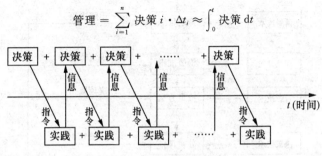

$$管理 = \sum_{i=1}^{n} 决策 i \cdot \Delta t_i \approx \int_0^t 决策 \, \mathrm{d}t$$

图 1-5 决策与管理的关系

现代管理是一项复杂的系统工程,面对瞬息万变的复杂系统,一个健全的管理决策程序应是一个科学的系统,而且其每一步骤都要有科学的涵义,相互间又有有机的联系.为了使每一步骤都达到科学化,还必须有一整套健全的科学决策程序作保证,这个管理决策程序如图 1-6 所示.

图 1-6 所示的就是科学决策的八个阶段,即管理决策的一般行动指南.应该注意的是,不能教条地理解和对待这个程序,根据具体情况,可以允许各阶段有所交叉,且在不同的决策中,各阶段的比重也不一样,在某些决策中,省略某个阶段也是可以的.

还需指出,上述决策程序中的各项工作,并非都要由决策者亲自去做,大量的工作应给智囊团的专家去完成,特别是"决策技术",原则上都是专家们的工作,决策者只要了解这些决策技术的物理意义和作用就行了.决策者的责任是严格掌握决策程序和发挥相应专家的作用.在掌握程序时,确定目标、价值准则和方案选择是决策者必须亲自研究与处理的.

为了得到最佳决策,当原有决策的实施将危及决策目标的实现、或赖以决策的客观情况发生重大变化、或虽然客观情况不变而主观情况发生重大变化时,都不能盲目地继续实施下去,而必须对

23

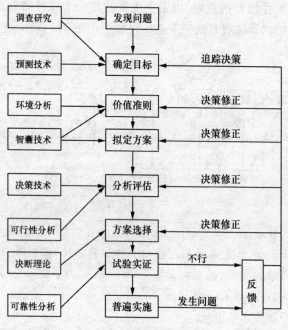

图 1-6　管理决策程序

目标或决策方案进行及时的根本性的修正,即进行追踪决策,并在反复的决策修正中逐步使决策更加完善.

在具体决策过程中,管理决策一般遵循如下基本模式:

管理问题 ⟶ 数学化 ⟶ 模型 ⟶ 科学综合评判 ⟶ 实施

管理决策的基本程序一般为:

问题 ⟶ 信息 ⟶ 智囊团分析 ⟶ 模型 ⟶ 反馈修正 ⟶ 决策

思考与练习

1. 什么叫决策?决策有哪些类型?各有什么特点?

2. 科学决策要遵循哪些基本原则?

3. 什么叫追踪决策？在什么条件下方能实施追踪决策？

4. 科学决策的标准是什么？简述科学决策的基本程序.

5. 科学决策与信息分析研究有何关系？

6. 如何才能选好决策目标？如何实现决策的科学化、系统化和理性化？

7. 何谓硬科学决策？硬科学决策所运用的数学工具主要有哪些？

8. 何谓软科学决策？怎样才能使软科学决策民主化和科学化？

9. 何谓决策性浪费？我国的决策性浪费情况如何？你所见到的决策性浪费有哪些？怎样才能减少决策性浪费？

10. 决策在管理中的作用如何？你能否通过实例来说明决策的重要性？

11. 决策与管理的关系如何？管理决策应遵循哪些程序？

12. 试叙述战略决策、管理决策、业务决策之间的联系和区别.

13. 如何避免管理决策失误？

第二章　确定型、不确定型与风险型决策

第一节　确定型决策

一、确定型决策的概念

所谓确定型决策主要是指在决策系统及其所处的环境条件下,决策者根据已掌握的科学知识与技术手段,对于行动方案所面临的客观发展情况能够作出完全科学的、正确的判断,并且确认客观发展情况是唯一的和完全肯定的. 确定型决策,由于决策后果只有一个,因此,决策过程并不复杂,只需从备选的决策方案中,挑选出最优的即可进行决策. 这类决策比比皆是,方法也多种多样.

二、确定型决策的基本思路

一般确定型决策可以用单纯选优决策法和模型选优的数学分析决策法来进行.

单纯选优法是一种较简单的决策方法. 此类决策方法主要用来处理其行动方案仅有两个,且掌握的数据资料也无需加工计算就可以通过逐个比较直接选出最优方案或最优行动的决策问题. 如由利率不同的多种渠道均可以筹措到一笔资金,在单一决策目标(即筹资成本最低)下,我们就可以选定利率最低的渠道去筹措资金.

确定型决策问题看似简单,但是实际问题往往比较复杂,当可供选择的方案很多时,有时就难以选择了. 例如,有 N 个产地、M 个销地的某种物质的运输问题,当 M, N 较大时,运输方案相当

多,则确定运费最低的方案,就必须运用线性规划的方法才能解决.至于确定型决策的模型选优,一般常用线性规划、非线性规划、整数规划、动态规划、投入产出模型、确定性存储技术、网络分析技术等方法进行.

由模型选优的决策方法来确定的最优决策,其决策的基本思路如下:

(1)决策目标的设计:包括单一目标的决策和多目标决策,在多目标决策问题中,还应区分各目标之间的优先级顺序与重要程度的大小.

(2)确定型决策约束条件的建立:有些确定型问题要实现指标的最大化或最小化,需要有一定的限制条件,如资源的限制等.这时,要得到最优方案,必须在满足约束条件的基础上进行决策.

(3)求解确定型决策的优化解,即最优方案.

三、确定型决策的一些常用方法、模型及其应用

1. 加权评分决策法

加权评分理论是把方案涉及到的因素用指标表示,同时考虑不同指标在不同方案下的不同作用(指标值)及各指标重要性(指标权重)的差异,指标权重和指标值经算术组合,综合成一个可比量值,来实现方案优选.这种方法能从主观和客观两方面反映问题,所产生的结果一般比较符合实际.

由于客观实际中的许多现象都是多种因素综合影响的结果,因此,在综合评价影响方案诸因素的权重系数时,应尽量考虑选取适当,参加评价的专家不宜太少,且应有代表性与实践经验,只有这样,才能对诸因素给出一种优越的权重分配.

例 1　某商店需要购进一批茶叶,有同一品种、同样价格的 5 种品牌 A, B, C, D, E 可供选择,为选出质量最好的茶叶,专家组设立了 5 种指标:外形、香气、滋味、汤色、叶底,它们的权重系数及其在不同方案下的指标值见表 2-1.

表 2-1   各指标的权重系数及其在不同方案下的指标值

指标 \ 方案	权重	A	B	C	D	E
外形	0.2	83	90	85	85	84
香气	0.4	92	88	83	96	90
滋味	0.3	87	80	84	90	78
汤色	0.05	71	82	77	80	86
叶底	0.05	86	81	84	74	72

若设第 i 个指标的权重系数为 ω_i,该指标在某方案下的分值为 x_i,则该方案的最后得分 F 为:

$$F = \sum_{i=1}^{k} \omega_i x_i \quad (\text{其中 } k \text{ 为指标总数}),$$

且

$$\sum_{i=1}^{k} \omega_i = 1, \quad x_i \in [1, 100].$$

于是,根据上述公式及表中数据,可计算出方案 A 的总得分:

$$\begin{aligned} F_A &= 0.2 \times 83 + 0.4 \times 92 + 0.3 \times 87 \\ &\quad + 0.05 \times 71 + 0.05 \times 86 \\ &= 87.35. \end{aligned}$$

同理可得 $F_B = 85.35$, $F_C = 83.45$, $F_D = 90.10$, $F_E = 84.10$.

2. 微分极值决策法

确定型决策常可归结为寻求决策问题的某一数学模型的最优解. 当模型中不含约束条件时,解决这一问题的基本方法就是直接利用微分这一数学工具来寻求极值(极大值与极小值),这一方法称作微分极值决策法.

微分极值决策法的理论依据是极值理论. 对于常见的经济决策而言,其决策准则是: 使收益函数达到最大或使损失函数达到最小的行动就是最佳行动,因此,求最佳行动就是求函数的最大值(或最小值). 显然,当行动是连续变量时,如果在行动空间上取出有限个点,则微分法也就成为前面介绍的加权评分法,即对有限个行动的结局逐个比较,以择其优.

例 2 某厂电视机的生产成本由两部分组成：一部分是不变成本，每天 100 万元，不管工厂是否生产，这部分费用不变；另一部分是可变成本，这部分成本又包括每台电视机的单位成本 1000 元及与产量成正比的成本，即工厂每多生产一台电视机，成本就增加 4 元. 现该厂应如何制定一个最优日产量，才能使每台电视机的成本最低？

解 设该厂日产量为 a，则由题意，可构造损失函数

$$R = 1000 + 4a + \frac{1000000}{a}.$$

由于日产量多一台或少一台对工厂几乎没有什么影响，所以 a 可近似看为连续变量，于是，最佳行动可通过求损失函数的最小值得到. 对损失函数求微分得

$$\frac{\mathrm{d}R}{\mathrm{d}a} = 4 - \frac{1000000}{a^2}.$$

令 $\frac{\mathrm{d}R}{\mathrm{d}a} = 0$，解得 $a = 500$. 故该工厂的最佳行动是每天生产 500 台电视机.

3. 数学规划决策方法

以上介绍的加权评分决策法与微分极值决策法都是确定性经济决策中的两种古典方法，其出发点在于收益函数的最大值或损失函数的最小值. 这两种方法通常适用于变量不多的决策问题，随着变量的增加，其适应性也会变差.

近几十年来，随着运筹学等数学理论的发展，以数学规划的决策方法为基础的一整套最优决策方法在科学决策中起到了越来越重要的作用. 例如，处理多变量决策问题的线性规划法就已成为求解各种优化问题的主要方法. 它在对策论、图论中都有广泛的应用，在经济领域中也有重要的应用. 线性规划问题的主要解法是单纯形法，近年来发展的内点方法也为线性规划问题提供了新解法. 以上方法也都有成熟的计算软件可用. 此外还有处理离散变量决策问题的整数规划法等. 在此就不一一介绍.

第二节 不确定型决策

一、不确定型决策概述

前面介绍的确定型决策指的是决策对象的未来状态是确定的,即每一种抉择,在决策系统的约束下,未来只有一种可能结果.但现实中的许多决策问题,其决策对象的未来状态是不确定的,每一抉择,未来有两种或两种以上的可能结果,即事件未来有多种自然状态.例如,某种产品的销售,未来在市场上可能出现畅销、平销、滞销三种情况.对某种投资方案的选择,未来可能会出现效果好、效果一般、效果较差等.这种决策我们称为非确定型决策.

对于非确定型决策,若决策者仅知未来事件可能有多少种自然状态发生,但不知道它们发生的概率,在这种情况下所作的决策,称为不确定型决策;若决策者不仅了解未来事件可能有多少种自然状态发生,而且还知道它们发生的概率,在这种情况下,决策者所作的决策称为风险型决策.

在本节介绍的不确定型决策中,由于决策者对未来各种状态的概率分布事先未知,因此,决策者选择的最佳行动与其行动原则密切相关.除了客观因素的作用,主观因素(例如决策者的偏好)也将对行动原则产生很大的影响,对同一问题,不同的决策者往往会做出不同的决策,所以,不能离开行动原则去研究不确定性决策问题.

不确定型决策原则有:小中取大原则、大中取大原则、等概率原则和最小后悔值原则等.

二、不确定型决策原则

1. 小中取大原则

小中取大原则又叫"坏中取好"原则或叫悲观决策原则. 这种

决策原则非常重视可能出现的最大损失(或最小利益),在各最大损失(或最小利益)中选取最小(或最大)者,将其对应的方案作为最优方案.小中取大原则反映的是决策者的悲观情绪,是一种在所有不利收益中,选取一个收益最大方案的保守决策方法.其基本思想与步骤是:

首先将各种可能出现的自然状态、可行的备选方案和各方案在不同自然状态下的条件收益值及损失值列表如表 2-2;

表 2-2　决策矩阵表(收益值矩阵)

	自然状态 $1(\theta_1)$	自然状态 $2(\theta_2)$	自然状态 $3(\theta_3)$	max	min
方案 $1(A_1)$	5	8	10	10	5
方案 $2(A_2)$	6	7	11	11	6
方案 $3(A_3)$	8	9	7	9	7

然后,求每一方案在各自然状态下的最大损失值(或最小收益值),见表 2-2 中的 min 一列;

最后,取 min 列中的最大值 $\max\{5,6,7\}=7$ 所对应的方案 A_3,即为决策行动方案.

以上决策方案,正好保证了在任何自然状态下,决策者至少获取 7 的收益值,这也正是悲观决策原则的最大特点.

2. 大中取大原则

大中取大原则又叫"好中求好"原则或叫乐观决策原则.这种决策原则充分考虑可能出现的最大利益,在各种最大利益中选取最大者,将其对应的方案作为最优方案.这种决策原则的基础是决策者感到前途乐观,有信心取得最佳的结果.这种原则适用于最好状态发生的可能性很大,或研究对象承受风险能力强的情况.其基本思想与步骤是:

先求每一方案在各自然状态下的最大收益值(或最小损失值),见表 2-2 中的 max 一列;

再取 max 列中的最大值即 $\max\{10,11,9\}=11$ 所对应的方案

A_2,即为决策行动方案.

乐观决策的最大特点在于决策者持有充分的乐观主义,认为自己在任何情况下总是处于最有利的地位.

3. 等概率决策原则

在缺乏准确信息的情况下,各种自然状态出现的概率是未知的. 既然如此,就可以认为这些自然状态出现的概率是相等的,均为 $\frac{1}{m}$. 在这种假定条件下来计算各个行动方案的期望值,而其中具有最大收益值的方案,就是最优方案. 例如在表 2-2 中,三个方案的期望值经过计算分别为

$$E_1 = \frac{1}{3} \times 5 + \frac{1}{3} \times 8 + \frac{1}{3} \times 10 = 6.67,$$

$$E_2 = \frac{1}{3} \times 6 + \frac{1}{3} \times 7 + \frac{1}{3} \times 11 = 8,$$

$$E_3 = \frac{1}{3} \times 8 + \frac{1}{3} \times 9 + \frac{1}{3} \times 7 = 8.$$

根据以上计算结果,可以选择方案 A_2 或 A_3 为最优方案.

4. 最小后悔值原则

最小后悔值原则属于较为保守的一类决策原则,但它不同于前面所介绍的悲观决策原则. 在不确定型决策中,虽然各种自然状态的出现概率无法估计,但决策一经作出并付诸实施,必然会处在实际出现的某种自然状态之中. 若方案不如其他方案好,决策者就会感到后悔. 而衡量后悔程度的后悔值,就是所选方案的收益值与该状态下真正最优方案的收益值之差. 具体而言,各方案对应不同自然状态下的后悔值可按如下公式计算.

设收益值矩阵为

$$R = (r_{ij})_{m \times n},$$

其中 $r_{ij} = R(A_i, \theta_j)$ 表示在方案 A_i,状态 θ_j 下的收益值;$i = 1,2,\cdots,m(m$ 为方案的个数$)$;$j = 1,2,\cdots,n(n$ 为状态的个数$)$. 于是,各方案在不同自然状态下的后悔值为

$$T(A_i, \theta_j) = \max_j R(A_i, \theta_j) - R(A_i, \theta_j).$$

很显然,按这种思路,后悔值越小,所选方案就越接近最优方案.例如在表 2-2 中,由收益值矩阵计算出不同自然状态出现时,各种方案的后悔值矩阵如表 2-3 所示.

表 2-3　后悔值矩阵

	自然状态 1 (θ_1)	自然状态 2 (θ_2)	自然状态 3 (θ_3)	各方案最大后悔值 max
方案 1(A_1)	3	1	1	3
方案 2(A_2)	2	2	0	2
方案 3(A_3)	0	0	4	4

在作决策时,决策者可先计算出方案在不同自然状态下的后悔值,然后分别找出各方案对应不同自然状态下的后悔值中的最大值,最后从各方案的最大后悔值中找出最小的最大后悔值,将其对应的方案作为最优方案,这就是后悔值决策准则.如本例中,各方案的最大后悔值分别为 3,2,4,从中选取最小的后悔值为 2,其所对应的方案为方案 2.若选方案 2,则意味着无论自然状态如何,决策者的后悔程度用后悔值测量不会超过 2.显然 2 的后悔值最小,故方案 2 为最优方案.

5. 乐观系数原则

乐观系数原则是对小中取大和大中取大原则进行折衷的一种原则.这种原则要求决策者首先提出一个系数 $\alpha(0 \leqslant \alpha \leqslant 1)$ 来表示乐观程度.若决策者越乐观,α 值越接近 1;若越悲观,α 值越接近 0.这种方法尽管避免了两种极端情况,但也没有利用到全部可用信息,而且,乐观系数 α 的恰当确定也是一个难点.用这种决策原则进行决策,其选择方案的基本依据是加权平均值,其步骤如下:

第一步,求各方案的最大收益值 M_i 和最小收益值 m_i;

第二步,计算加权平均值(折衷值)L_{A_i},其计算公式为

$$L_{A_i} = \alpha M_i + (1 - \alpha)m_i;$$

第三步,求各 L_{A_i} 中的最大值,记作 L_A,该值所对应的方案为最优方案.

设给定乐观系数 $\alpha = 0.8$,则由表 2-2 可得三个方案的收益的估计值分别为

$$L_{A_1} = 0.8 \times 10 + (1 - 0.8) \times 5 = 9,$$
$$L_{A_2} = 0.8 \times 11 + (1 - 0.8) \times 6 = 10,$$
$$L_{A_3} = 0.8 \times 9 + (1 - 0.8) \times 7 = 8.6,$$
$$L_A = \max\{L_{A_1}, L_{A_2}, L_{A_3}\} = 10,$$

即方案 2 为最优方案.

以上乐观系数 α 可视具体情况而定,它起到一种调节作用,这种决策方法属于一种既稳妥又积极的决策方法.

6. 不同决策原则的比较与选择

综上所述可知,对不确定型决策采用不同的决策原则,将会选择不同的行动方案,出现这种结果的主要原因是由于每一决策原则都分别反映了不同类型决策者的心态和主观随意性,其主观意识不同,心态不同,自然在同一条件下就会有不同的选择.对于解决不确定型决策问题,理论上无法证明哪一种评选标准是最合理的.我们应该充分认识到主观意识若脱离了决策问题所处的客观环境,即使运用最完美的决策原则来决策也都将失去它的科学价值,因此对于一个具体的决策问题,其决策原则的选取还必须以决策问题所处的客观条件为决策基础.一般对于那些企业规模小、技术装备不良、承担不起较大经济风险的企业来说,决策者对未来的把握信心不足,或对于那些比较保守稳妥并害怕承担风险的决策者来说,较多采用的是悲观决策原则;而若决策者对于未来的发展充满乐观,有充分信心取得每一决策方案的理想结果,则较多采用的是乐观决策原则;而乐观系数决策原则主要是由那些对形势判断既不太乐观又不太悲观的决策者所采用;最小后悔值决策原则主要是由那些对决策失误的后果看得较重的决策者所采用.

第三节　风险型决策

一、风险型决策的概念

所谓风险型决策,是指决策者对未来的情况无法作出肯定的判断,但可判明其各种情况可能发生的概率(又称先验概率),然后再采用期望效果最好的方案作为最优决策方案所进行的决策.风险型决策一般需要具备以下几个条件:

第一,存在决策者希望达到的一个或一个以上明确的决策目标,最常用的决策目标是要求获得最大利润;

第二,存在着决策者可以主动选择的两个及两个以上的行动方案,即存在着多个可供选择的备选方案;

第三,存在着不以决策者的主观意志为转移的两种以上的自然状态,并可根据有关资料估计或计算各种自然状态将会出现的概率;

第四,存在着可以具体计算出来的不同行动方案在不同自然状态下的损益值.

风险型决策的最后结果遵循着一定的规律,这个规律就是统计规律.根据这个统计规律,决策者可以掌握最后结果出现的概率分布.尽管掌握了这种概率分布,但由于这个概率值不为1,即该最后结果的出现不是必然事件,所以,不管决策者选择哪个行动方案,都要承担一定的风险,故这种决策属于风险型决策.

对于风险型决策问题,下面介绍几种常用的决策方法.

二、几种常用的风险型决策

风险分析是可行性研究中的一项重要内容.风险分析可分为风险辨识、风险估计及风险评估与决策,其中常用的风险型决策有:

1. 期望值决策

期望值决策是风险型决策的一种基本方法,它用准确的数学语言描述状态的信息,利用参数的概率分布求出每个行动方案的收益(或损失)期望值,然后根据决策目标要求选择最大或最小期望值所对应的方案作为最优方案的一种决策方法.

用期望值进行决策的基本步骤是:

第一,在确定决策目标的基础上,设计各种可行的备选方案;

第二,分析判断各种可行的备选方案实施后可能遇到的决策者无法控制的自然状态,并预测各种自然状态可能出现的概率;

第三,估计、预测各种方案在各种不同的自然状态下可能取得的收益值或损失值,并在此基础上写出损益矩阵或绘出决策树;

第四,以收益和损失矩阵为依据,分别计算各行动方案的损益期望值 E_i,并根据期望值的大小,选择相应的最佳行动方案 A^*.

损益期望值可按下式计算:

$$E_i = \sum_{j=1}^{n} P_j r_{ij} \quad (\text{收益期望值}),$$
$$i = 1, 2, \cdots, m,$$
$$E_i = \sum_{j=1}^{n} P_j T_{ij} \quad (\text{损失期望值}),$$

其中 n, m 分别是状态和方案的个数;P_j 是状态 θ_j 发生的概率;r_{ij} 是行动方案 A_i 在状态 θ_j 下的收益值;T_{ij} 是行动方案 A_i 在状态 θ_j 下的损失值;E_i 是行动方案 A_i 的损益期望值.

例 1 某厂一关键设备突然发生故障,为保证履行加工合同,必须在 7 天内恢复正常生产,否则,将被罚以 160 万元的违约金.工厂面临两种选择:一是修复设备,7 天内修复的概率是 0.5,费用为 20 万元;一是购置新设备,7 天内完成的概率是 0.8,费用为 60 万元.问:工厂应选择哪一种行动最佳?

若用 A_1 表示修复行动,A_2 表示置新设备行动,θ_1 表示 7 天内恢复生产的状态,θ_2 表示 7 天后恢复生产的状态,则可列出损失矩阵如表 2-4 所示.

表 2-4　损失矩阵表

θ		θ_1	θ_2
A_1	P_j	0.5	0.5
	T_{1j}	20	180
A_2	P_j	0.8	0.2
	T_{2j}	60	220

由损失期望值计算公式可得

$$E_1 = \sum_{j=1}^{2} P_j T_{1j} = 0.5 \times 20 + 0.5 \times 180 = 100,$$

$$E_2 = \sum_{j=1}^{2} P_j T_{2j} = 0.8 \times 60 + 0.2 \times 220 = 92,$$

根据决策准则,具有最小损失期望值的置新设备行动 A_2 是最佳行动.

2. 决策树决策

决策树是对决策局面的一种图解,也是风险型决策中常用的方法. 用决策树可以使决策问题形象化,它把各种备选方案、可能出现的自然状态及各种损益值简明地绘制在一张图上,便于决策者审度决策局面,分析决策过程,尤其是对于缺乏所需数学知识从而不能胜任运算的决策者来说,会使他们感到特别方便.

用决策树作风险决策,就是按决策过程将决策的基本要素依照一定的方法以树形结构绘制出决策树,然后按决策树的结构计算各决策方案枝的期望收益值或期望损失值,最后利用期望收益值或期望损失值进行比较,并作剪枝决策,以选定最佳方案.

上例中的决策问题用决策树(见图 2-1)表示.

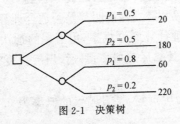

图 2-1　决策树

以上决策树由结点和树枝组成.结点有行动结点(用"□"表示)、状态结点(用"○"表示).从行动结点长出的树枝是行动分枝,有多少个不同的行动方案就有多少个行动分枝,每个行动分枝上都标明所代表的行动.从状态结点长出的树枝是状态分枝,状态结点下的分枝数量等于对应行动的状态个数,各状态分枝上要注明对应行动的相对状态概率.而每个行动在各状态下的损益值,则要标注在各对应树梢处.而上例决策问题的决策树(见图 2-1)中,从行动结点出发有两个行动分枝 A_1, A_2,它们的终点是状态结点,每个状态结点上又长出两个状态分枝,于是,树梢总数就是行动个数与状态个数的乘积.

不难验证,利用决策树按损益期望值计算公式同样可以计算出各行动的期望值,其计算过程和结果与通过损益表得到的结论完全一致.

3. 贝叶斯决策

期望值决策法是根据各种事件可能发生的先验概率,采用期望值标准或最大可能性标准来选择最佳决策方案.这样的决策具有一定的风险,因为先验概率是根据历史资料或主观判断所确定的概率,未经试验检验.为了尽量减少这种风险,需要较准确地掌握和估计这些先验概率.这就要通过科学试验、调查、统计等方法获得准确的情报信息,以修正先验概率得到后验概率,并据以确定各个方案的期望值,协助决策者作出正确的选择,这就是贝叶斯决策.在已具备先验概率的条件下,一个完整的贝叶斯决策过程,要经历以下几个步骤:

首先搜集补充资料,取得条件概率,包括历史概率和逻辑概率,对历史概率要加以检验,辨明其是否适合计算后验概率;其次,用概率的乘法定理计算联合概率,用概率的加法定理计算边际概率,用贝叶斯定理计算后验概率;最后,用后验概率计算期望值,进行决策分析.

例 2 依据历史资料,某日晴天的概率为 0.6,阴天的概率为

0.4,此处的概率值指的是先验概率,记为 $P(\theta_j)$(在前面介绍期望值时,$P(\theta_j)$ 被简称为 P_j).依天气预报,这一天可能是晴天,也可能是阴天,不妨将这些状态参数记为 X_k.则又可以有这样一些概率:实际上是晴天预报仍是晴天的概率,实际上是晴天预报为阴天的概率,实际上是阴天预报仍是阴天的概率,实际上是阴天预报是晴天的概率.这些概率分布称为似然函数,记做 $P(X_k|\theta_j)$,即实际发生的状态为 θ_j 预报成状态 X_k 的概率.

于是,由先验概率和似然函数,通过贝叶斯公式,可计算出后验概率 $P(\theta_j|X_k)$:

$$P(\theta_j|X_k) = \frac{P(\theta_j)P(X_k|\theta_j)}{\sum\limits_{j=1}^{n}P(\theta_j)P(X_k|\theta_j)}$$

$$(j=1,2,\cdots,n;\ k=1,2,\cdots,s).$$

n,s 分别为实际的状态个数和预报的状态个数.

用后验概率代替先验概率,可以计算出在预报状态 X_k 下,各行动的损益期望值:

$$E(A_i|X_k) = \sum_{j=1}^{n}P(\theta_j|X_k)r_{ij}$$

或

$$E(A_i|X_k) = \sum_{j=1}^{n}P(\theta_j|X_k)T_{ij},$$

那么,在状态 X_k 下,具有最大收益期望值或最小损失期望值的行动,就是最佳行动.可以看出,对应每个预报状态 X_k,均有一个最佳行动,有 s 个预报状态,便有 s 个最佳状态与之对应.

在许多决策中,我们并不可能获取完全确定的信息,为了弥补因无法搜集新信息而制定不准确决策所造成的损失,贝叶斯决策提供了解决这类问题的手段.事实上,贝叶斯决策理论为解决下述决策问题提供了科学方法:即要采取的行动取决于某种自然状态,而该自然状态是未知的,且不受决策者控制,然而通过判断与实验,又有可能获得有关自然状态的信息.贝叶斯决策的理论基础就是贝叶斯公式.

例 3 某公司的销售收入受市场销售情况的影响,存在三种状态,畅销 θ_1、一般 θ_2、滞销 θ_3,发生的概率分别为 0.5,0.3,0.2,公司制定的三种销售方案相应的收益情况如表 2-5 所示.

表 2-5 收益情况表 单位:万元

θ	θ_1	θ_2	θ_3
$P(\theta_j)$	0.5	0.3	0.2
A_1	200	50	-100
A_2	150	100	-50
A_3	180	50	-10

该公司经过深入的市场调查,对市场销售前景进行了预报,记预报为畅销、一般、滞销的状态分别为 X_1,X_2,X_3,似然函数如表 2-6 所示. 那么,针对这三种预报状态应分别采用哪种销售方式呢?

表 2-6 似然函数表

θ	θ_1	θ_2	θ_3
$P(\theta_j)$	0.5	0.3	0.2
$P(X_1|\theta_j)$	0.6	0.1	0.3
$P(X_2|\theta_j)$	0.2	0.7	0.1
$P(X_3|\theta_j)$	0.2	0.2	0.6

由先验概率、似然函数,通过贝叶斯公式可得后验概率如表 2-7 所示.

表 2-7 后验概率表

θ	θ_1	θ_2	θ_3
$P(\theta_j)$	0.5	0.3	0.2
$P(\theta_j|X_1)$	0.77	0.07	0.16
$P(\theta_j|X_2)$	0.30	0.64	0.06
$P(\theta_j|X_3)$	0.36	0.21	0.43

根据贝叶斯决策的期望值计算公式,当预报畅销时,可得:

$$E(A_1|X_1) = \sum_{j=1}^{n} P(\theta_j|X_1)r_{1j}$$
$$= 0.77 \times 200 + 0.07 \times 50 + 0.16 \times (-100)$$
$$= 141.5,$$

$$E(A_2|X_1) = \sum_{j=1}^{n} P(\theta_j|X_1)r_{2j}$$
$$= 0.77 \times 150 + 0.07 \times 100 + 0.16 \times (-50)$$
$$= 114.5,$$

$$E(A_3|X_1) = \sum_{j=1}^{n} P(\theta_j|X_1)r_{3j}$$
$$= 0.77 \times 180 + 0.07 \times 50 + 0.16 \times (-10)$$
$$= 140.5.$$

可见,最佳行动方案是 A_1.

当预报销售情况一般时,同理可得:
$$E(A_1|X_2) = 86, \quad E(A_2|X_2) = 106, \quad E(A_3|X_2) = 85.4.$$
可见,最佳行动方案是 A_2.

当预报销售滞销时,同理可得:
$$E(A_1|X_3) = 39.5, \quad E(A_2|X_3) = 53.5, \quad E(A_3|X_3) = 71.$$
可见,最佳行动方案是 A_3.

4. 效用决策

前面讨论的几种决策,都是以损益期望值作为决策的依据,决策过程只注重客观数据,而忽视了决策者的主观作用,这也是不合理的. 效用决策则同时考虑到主客观两方面的因素,它通过效用函数将决策者的才智、经验、胆识、对风险的态度和判断能力等主观因素与客观的损益值有机地巧妙结合在一起,并用效用予以度量,最后以效用期望值作为决策的依据.

一般来说,对于相同的期望收益值,不同的决策者由于个人的性格和条件不同而作出的反应不同,对各方案的取舍也不相同. 这种决策者对于期望收益和损失的独特兴趣、偏爱、感受和取舍反映,就叫做效用.效用代表着决策者对于风险的态度,也是决策者胆略的一种反映.决策者对具有不同风险的相同期望收益值或损失值,会给出不同的效用值.一般对效用值可以有不同的度量方法,决策者越喜爱的行动,其效用值越大;决策者越厌恶的行动,其效用值越小.可见,效用值是在比较的意义上的一种相对取值.效用取值于效用函数,效用函数是以损益值为自变量,以效用值为因变量的单调上升函数,它反映了决策者对风险态度的变化关系.效用通常用 U 表示,U 的取值范围是 $0 \leqslant U \leqslant 1$,效用值为 1 的收益值是决策者最偏爱的,效用值为 0 的收益值是决策者最厌恶的.

合理选择效用函数是效用决策法的关键,根据决策者对风险的态度,效用函数大致可分为四类,见图 2-2.

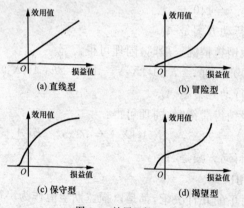

图 2-2 效用函数图

图 2-2(a)中直线型效用函数表示决策者对风险采取的是调和折衷的态度,既不保守,也不冒险,此时,效用决策与期望值决策的结果是一致的.一般,大企业的决策者,对长期的和经常性的经营决策,往往采用这种效用函数.

图 2-2(b)中冒险型效用函数是一种上凹型效用函数,它表示决策者不怕冒险,敢于搏杀,当面对两种选择时,他总是愿冒一定风险去谋求大利,而不愿稳妥地去争取小的收益.

图 2-2(c)中保守型效用函数是一种下凹型曲线,它表示决策者愿意稳妥行事,不敢冒险,它反映的是决策者保守、小心谨慎、不求大利的态度,在实际决策分析时,这样的决策者占的比例最大.

图 2-2(d)中渴望型效用函数兼有风险型和保守两种函数的特点,它反映了决策者的特殊心态,属于这种效用函数的决策者,往往具有特定的目标,为了达到这一目标,可以不惜冒险,而对于超出这一目标的部分,又不太感兴趣,故转而又采取保守策略.

进行效用决策,应在明确决策目标,并在充分考虑到决策者对风险、收益的看法和偏好的基础上,再用标准测定法等测定效用函数,最后,采集各行动收益值的效用,计算出期望效用值 E_i:

$$E_i = \sum_{j=1}^{n} P_j U_{ij} \quad (i = 1, 2, \cdots, m),$$

其中 n, m 分别是状态和方案的个数; P_j 是状态 θ_j 发生的概率; U_{ij} 是行动方案 A_i 在状态 θ_j 下的效用值; E_i 是行动方案 A_i 的期望效用值.

最大期望效用(或最小风险)的行动就是最佳行动.

例如,某公司根据市场的畅销 θ_1、滞销 θ_2 等情况,制定了两种销售方案,其销售收益如表 2-8 所示.

表 2-8　销售收益表

θ	θ_1	θ_2
P_j	0.7	0.3
A_1	200	50
A_2	150	100

各行动的期望效用值分别为

$$E_1 = \sum_{j=1}^{2} P_j U_{1j} = 0.7 \times 0.79 + 0.3 \times 0.36 = 0.66,$$

$$E_2 = \sum_{j=1}^{2} P_j U_{2j} = 0.7 \times 0.72 + 0.3 \times 0.6 = 0.68.$$

其中 $U_{11} = 0.79, U_{12} = 0.36, U_{21} = 0.72, U_{22} = 0.6$ 是各行动收益值

在决策者选择的合理效用函数中采集到的效用值. 可见, 最佳行动是 A_2.

但是, 若依期望值决策, 求得各行动的收益期望值分别为

$$E_1 = 155, \quad E_2 = 135.$$

可见, 最佳行动是 A_1. 如此看来, 这两种决策方法的结果是不同的.

三、风险型决策的敏感性分析

我们知道, 用于进行风险决策的各种自然状态出现的概率值以及条件收益值和损失值, 都是根据过去经验预测、估计和修正得出的, 进而根据这样的概率值及条件收益值和损失值计算出来的期望损益值, 就不可能十分精确可靠. 一旦概率有一定误差或发生变化, 据以选择的方案是否仍为优化方案, 就成了值得重视的问题. 因此, 在决策过程中, 就有必要分析自然状态出现的概率和条件收益值、损失值的变化对最优方案的选择究竟存在多大影响. 而引起选择方案变化的各种自然状态出现的概率和收益值变化的数值、水平就称为转折概率和转折水平(即转折点). 对风险型决策进行的这种分析就叫做敏感性分析, 也就是对不确定的因素进行灵敏度分析.

敏感性分析的基本步骤是: 首先, 求出在保持最优方案稳定的前提下, 自然状态概率及条件收益值所允许的变化范围; 其次, 分析用以预测和估算这些自然状态概率及条件收益值的方法, 衡量其精度是否能保证所得数值在允许的误差范围内变动; 最后, 判断所作决策的可靠性.

敏感性分析是风险型决策中常用的一种不确定性分析.

例4 某公司为满足市场需要, 有两种生产方案可供选择, 而面临的市场状态有畅销 θ_1 和滞销 θ_2 两种. 畅销的可能性为 70%, 滞销的可能性为 30%, 这两种生产方案的经济效益如表 2-9 所示.

44

表 2-9　收益情况表 　　　　　　　　单位:万元

θ	θ_1	θ_2
$P(\theta_j)$	0.7	0.3
A_1	100	-20
A_2	40	10

根据表 2-9 的数据,计算出生产方案 A_1 和 A_2 的期望收益值为

$$E_1 = [0.7 \times 100 + 0.3 \times (-20)] 万元 = 64 万元,$$
$$E_2 = (0.7 \times 40 + 0.3 \times 10) 万元 = 31 万元.$$

这里 $E_1 > E_2$,所以生产方案 A_1 优于 A_2. 由于市场竞争的原因,市场状态可能产生变化,为检验最优生产方案 A_1 的稳定性,现对市场可能出现的概率再作如下几种分析,例如概率分别为 0.4,0.5,0.6,0.8. 若畅销 θ_1 的概率为 0.4,则滞销 θ_2 的概率为 $1-0.4=0.6$,此时,

$$E_1 = 0.4 \times 100 + 0.6 \times (-20) = 28,$$
$$E_2 = 0.4 \times 40 + 0.6 \times 10 = 22,$$

A_1 仍为最优方案. 若畅销 θ_1 的概率为 0.5,则滞销 θ_2 的概率亦为 0.5,此时,

$$E_1 = 0.5 \times 100 + 0.5 \times (-20) = 40,$$
$$E_2 = 0.5 \times 40 + 0.5 \times 10 = 25.$$

仍有 $E_1 > E_2$,所以 A_1 仍是最优方案.同样可计算出畅销的概率为 0.6 和 0.8 时的期望收益值,得知 A_1 仍为最优方案的结论. 由此可见,生产方案 A_1 对市场状态的变化不具敏感性,是稳定的,由于其灵敏度不变,故 A_1 决策成功的可靠性较大.反之,如果市场状态的概率稍有变动,最优方案也随即发生改变,则表示该生产方案的灵敏度高,决策成功的可靠性小,最优方案的稳定性就低.

一个生产方案从最优方案转化为非最优方案,有一个过程,而此过程是与市场状态出现的变化紧密相关的.设 P 表示市场状态

为畅销的概率,则市场滞销的概率为 $1-P$. 今设最优方案 A_1 转化为非最优方案,即由 $E_1 > E_2$ 变为 $E_1 < E_2$,则在此变化过程中,理论上必存在 $E_1 = E_2$ 的时刻,使 $E_1 = E_2$ 的市场畅销概率 P 满足

$$E_1 = P \times 100 + (1-P) \times (-20),$$
$$E_2 = P \times 40 + (1-P) \times 10.$$

当 $E_1 = E_2$ 时,有

$$100P - 20(1-P) = 40P + 10(1-P),$$

解得 $P = \dfrac{1}{3}$.

以上 $P = \dfrac{1}{3}$ 就称做最优生产方案转化为非最优方案的**转折概率**. 这个转折概率用 $P = \dfrac{1}{3}$ 表示,当 $P > \dfrac{1}{3}$ 时,生产方案 A_1 为最优方案;当 $P < \dfrac{1}{3}$ 时,生产方案 A_2 为最优方案.

思考与练习

1. 什么叫确定型决策?试叙述确定型决策的基本思路.

2. 确定型决策有哪些常用的方法与模型?

3. 何谓不确定型决策?它与风险型决策有何不同?

4. 什么叫"小中取大"决策方法?什么叫"大中取大"决策方法?什么叫"等概率"决策原则?什么叫"最小后悔值"决策原则?什么叫"乐观系数"决策原则?

5. 对于一个具体的决策问题,其决策准则选取的客观依据是什么?

6. 简述各种不确定型决策方法的适用特点.

7. 什么叫先验概率?什么叫风险型决策?

8. 何谓期望值决策?试叙述用期望值进行决策的基本步骤.

9. 什么叫决策树?如何用决策树进行决策分析?

10. 什么叫贝叶斯决策?为什么要进行贝叶斯决策?如何利用

贝叶斯公式计算后验概率进行决策？

11. 什么叫效用？效用值如何确定？效用曲线有哪几种类型？如何应用效用曲线进行决策？

12. 何谓敏感性分析？如何进行风险决策的敏感性分析？

13. 某电视机厂建设问题有如下损益值表：

单位：万元

θ	畅销 θ_1	滞销 θ_2
建设大型工厂(方案 A_1)	200	-20
建设中型工厂(方案 A_2)	150	20
建设小型工厂(方案 A_3)	100	60

要求：

（1）按"大中取大"决策方法选择一决策方案.

（2）按"小中取大"决策方法选择一决策方案.

（3）按"乐观系数"决策方法选择一决策方案.

（4）按"最小后悔值"决策方法选择一决策方案.

14. 生产计算器的某企业有如下损益值表：

单位：万元

θ	需求高 θ_1	需求中 θ_2	需求低 θ_3
扩建原厂(方案 A_1)	100	80	-20
建设新厂(方案 A_2)	140	50	-40
转包外厂(方案 A_3)	60	30	10

要求：

（1）以等概率为标准选择一决策方案.

（2）如果 $P(\theta_1)=0.3, P(\theta_2)=0.5$ 和 $P(\theta_3)=0.2$，以期望值为标准选择一决策方案.

（3）补充条件同（2），应用决策树法进行决策分析.

15. 某决策问题由如下损益表表示，试作敏感性分析.

θ	自然状态 θ_1	自然状态 θ_2
决策方案 A_1	80	50
决策方案 A_2	65	85
决策方案 A_3	30	100

16. 某决策问题由如下损益值表示：

单位：万元

θ	自然状态 θ_1	自然状态 θ_2
$P(\theta_j)$	0.4	0.6
决策方案 A_1	100	300
决策方案 A_2	400	200

以 X_1, X_2 表示市场调查结果的两种状态，根据历史资料，可得出如下概率值：

$$P(X_1|\theta_1) = 0.8, \quad P(X_2|\theta_1) = 0.2,$$
$$P(X_1|\theta_2) = 0.4, \quad P(X_2|\theta_2) = 0.6.$$

要求：

（1）用上述先验概率计算后验概率
$P(\theta_1|X_1)$, $P(\theta_2|X_1)$, $P(\theta_1|X_2)$ 和 $P(\theta_2|X_2)$.

（2）应用贝叶斯决策方法进行决策分析.

第三章 模 糊 决 策

第一节 模糊数学与信息革命

一、模糊数学的产生与发展

模糊数学是研究模糊领域中事物数学化的一门崭新的数学学科. 它始于 1965 年美国著名控制论专家扎德(L. A. Zadeh)教授的开创性论文"模糊集合"(fuzzy sets). 它的产生不仅拓广了经典数学的数学基础,而且是使计算机科学向人们的自然机理方面发展以及使决策民主化、科学化的重大突破.

在现实世界中,有些事物之间的关系是确定的,但有些是不确定的,而在不确定中又有随机的和模糊的. 事物的精确性、随机性和模糊性这三者是普遍存在的. 随着科学的发展,过去那些与数学无关或关系不大的学科,如生物学、心理学、语言学和社会科学,等等,都迫切要求定量化与数学化. 特别是软科学的兴起,决策民主化和科学化的发展,要求把"思维"这个很典型的模糊现象予以量化. 如此大量的模糊现象使经典数学方法显得无能为力,而模糊数学的产生与发展则为研究这些模糊现象提供了有力的数学工具.

经典数学的基础可归结为集合论. 根据集合论的要求,一个元素 x 是否属于集合 A 是明确的,即

$$x \in A \quad \text{或} \quad x \overline{\in} A,$$

两者必居其一,且只居其一,绝不能模棱两可. 它的逻辑基础是二值逻辑. 由于集合论的这个要求,就大大地限制了它的应用范围,而使它无法处理实践中大量的不明确的模糊现象与概念.

精确性,是经典数学的一大特点.在经典数学里,对于每一个概念都应给出明确的定义,既要指出它所属的集合(外延),也要揭示它的本质属性(内涵),而对于命题则要借推理来明辨真伪.这就突出了经典数学的三个重要特征:精确性、逻辑性和实用性.

　　但是现实世界是复杂的,客观实际(现象和问题)并不都是精确的.对于随机现象、模糊现象来说,传统的经典数学工具如微分方程就显得无能为力了,因此,经典数学终于被突破,产生了随机数学和模糊数学.

　　17 世纪出现了一个经典数学不能解决的问题,赌徒麦尼(Mere)向数学家帕斯卡(Pascal)提出:"两个赌徒相约赌若干局,谁先胜 n 局就可赢得赌金 m,现一个胜 $a(<n)$ 局,另一个胜 $b(<n)$ 局,赌局因故中止,问应怎样分此赌金?"问题本身出现了随机性,这是经典数学中没有先例的.帕斯卡于 1654 年将解法寄给费马(Fermat),成为第一篇概率论文.这样研究领域拓展到随机现象而产生了一门专门研究度量事件发生可能性大小的数学新分支——概率论.在概率论的基础上,又发展产生了数理统计、随机过程等分支,形成了"随机数学".

　　由于客观世界存在着模糊现象,因此模糊数学这株新苗也就破土而出.

　　对于经典数学所赖以建立的二值逻辑也是有争议的,著名的罗素(Russell,1878—1970)悖论和秃头悖论即其例证.

　　德国人策梅洛(E. Zermelo,1871—1953)认为
$$X = \{x \mid p(x)\},$$
对于任意 x,$p(x)$ 与 $\overline{p(x)}$ 有一成立且只有一成立是无隙可乘的.罗素提出非议,他的论点针锋相对.设
$$X = \{x \mid x \overline{\in} X\},$$
如果 $x \in X$,则 $x \overline{\in} X$;如果 $x \overline{\in} X$,则 $x \in X$.显然 $x \in X$ 与 $x \overline{\in} X$ 自相矛盾,从根本上否定了二值逻辑的普遍性.这就是著名的罗素悖论,多值逻辑就是在它的启示下发展起来的.

50

所谓"秃头悖论",即首先约定只有 n_0 根头发的人称为秃头，当 $n > n_0$ 则非秃。挑战者问："n_0+1 秃乎？才一发之差耳！"显然不能以一发之差作为分界。于是再约定：若 $n = n_0$ 为秃头，则 $n = n_0+1$ 亦秃，从而导致一切人都是秃头的悖论。

对于一个是非界限本来模糊不清的概念，如果勉强用"是非"标准来划分，必将导致谬论。秃头悖论就是对经典数学挑战的信号，它说明这类命题是不能用二值逻辑来判断的。

实践的范围是广泛的，事物是复杂的，经典数学解决的问题不可能包罗万象。正如前面所述，随着科学的发展，过去许多与数学毫无关系或关系不大的学科都迫切要求定量化和数学化，这就使人们要遇到大量的模糊概念，这也正是这些学科本身的特点所决定的。

若将力学、热学、电磁学等所研究的运动变化规律与人脑的思维活动相比，就只能算是简单过程了。当研究人脑这样的复杂过程时，复杂性与精确性往往是不相容的。这就是说，一个系统的复杂性增大了，它的精确性必将减小。这点类似于收音机中灵敏度与选择性之间的关系。根据这一不相容原理，我们在模拟大脑功能时，不应该片面追求精确性，恰恰相反需要的倒是它的反面——模糊性，关键是要善于综合和处理模糊信息。因此，有人认为，若用经典数学方法来建立人工智能，就会像追求永动机或点石成金那样徒劳无功，用中国的一句古话来说，这就好比是"缘木求鱼"。这是因为人类智慧与机器功能之间有着本质的区别，人脑善于判别和处理不精确的，非定量的模糊现象，经过抽象、概括、综合和推理，从而得出具有一定精度的结论。

事实上，在人的思维和语言中，许多概念的内涵与外延都是不明确的。如"高个"与"矮个"、"年轻"与"年老"、"胖子"与"瘦子"、"体强"与"体弱"等都找不到明确的界限。从差异的一方到差异的另一方，中间经历了一个从量变到质变的连续过渡的过程，这种现象，就叫做差异的中介过渡性。由这种中介过渡性造就出划分上的不确定性就叫做模糊性.

由于划分的不确定性,就造成了元素对集合隶属关系的不确定性."张三年轻"、"李四性情温和"这类命题的判定也不是绝对的只分真假. 也许有人认为"张三不太年轻"或者"张三年轻"只有60%是对的,而"李四性情不够温和". 这说明二值逻辑的局限,它只能反映事物的某一侧面. 实际上,这些都是模糊概念和模糊命题,只是经典数学难于给出它的数学描述而已.

事实上,"年轻人"或"性情温和的人"都是某些特定人群的一个模糊子集. 对于这样的集合,不能指明哪些元素一定属于它,哪些元素一定不属于它. 为此,L. A. Zadch 曾提出,要想确定一个模糊集合 A,我们勿需去鉴别谁是或者谁不是它的成员,而只需对每个元素 u 确定一个数 $\mu_A(u)$,用这个数来表示该元素对所言集合的隶属度,这就是他在 1965 年所提的模糊子集论. L. A. Zadch 用隶属度来描述差异的中介过渡,这是用精确的数学语言对模糊性的一种描述,它把传统数学从二值逻辑的基础扩展到连续值上来,从"亦此亦彼"中提取了"非此即彼"的信息,其意义是深远的.

可见,模糊数学正是为了填补经典数学的"空白"应运而生的,它给我们提供了一种综合与处理模糊信息的新的数学工具,给我们架起了一座由经典数学到充满了模糊性的现实世界之间的桥梁,它不是让数学变成模模糊糊的东西,而是要让数学进入模糊现象这个禁区.

二、模糊数学与信息革命

模糊数学从它诞生的那天起,便和电子计算机的发展与信息决策息息相关,相辅相成. 可以预言,随着模糊数学的不断完善与发展,它将为信息革命提供一种新的富有魅力的数学工具和手段. 因为利用模糊数学构造数学模型,来编制计算机程序与信息决策模型,可以更广泛、更深入地模拟人的思维与全方位深入挖掘各种决策信息,从而可以大大提高电子计算机的"智力"与信息决策的科学性、准确性.

我们知道,电子计算机在运算速度、精确性与"记忆力"上虽有其巧夺天工的优势,但其"智力"却只相当于 2—3 岁小孩的水平. 若要实现相当于成年人的智能机器人——就是要使机器人不仅能代替人类的体力劳动,而且要能代替人类的脑力,那就必须依赖于科学技术的新突破,其中一个首要问题,就是如何将人类思维和语言数学化而建立起数学模型. 模糊数学正好给出了一套表现自然语言的理论和数学方法. 采用模糊数学模型编制程序可以使部分自然语言转化成机器可以"理解"与"接受"的东西,从而将大大提高机器人的"智力". 从这个意义上来讲,模糊数学在谱写一曲新的"信息论".

信息革命要求计算机应用的触角深入"软科学"(Soft Science)的腹地,昔日数学的一些禁地,如哲学、心理学、教育学、语言学、生物学、医学以及社会人文科学今日逐渐变为数学的垦区. 这些学科之所以难以运用数学,不是因为它们太简单而无需运用数学,恰恰相反,是因为它们所面对的系统太复杂而找不到适当的数学工具. 其中最关键的问题就是在这些系统中大量存在着模糊性,而模糊数学的一个重要的历史使命就是要为各门学科,尤其是人文学科提供新的数学描述的语言和工具,使软科学的研究定量化.

当前人工智能研究正在艰难的征途上奋力前进,而以模糊数学为基础发展起来的新的模糊技术将在第五代、第六代计算机的发展中扮演越来越重要的角色,模糊数学将作为具有时代特征的新军屹立于世界数学之林.

模糊数学虽然是新兴学科,但它对决策科学的影响是很深远的. 模糊数学的主要贡献在于,它将模糊性与数学统一在一起. 它的方法不是让数学放弃严格性去迁就模糊性,而是要将数学方法深入到具有模糊现象的禁区,从而为解决一些复杂大系统涉及模糊因素的科学决策问题开辟了一条新路.

曾经有人认为,模糊数学是研究不确定的现象,它应该是概率论的分支,或可以用概率论所取代.事实上,概率论是一门研究和处理偶然现象(随机现象)规律性的数学分支,虽然事件的发生与否是不确定的(随机的),但事件的结果却是分明的,它是从不充分的因果关系中去把握广义的因果律——概率规律,它使数学的应用范围从必然现象扩展到偶然现象的领域.

恩格斯说:"表面上是偶然性在起作用的地方,这种偶然性始终是受内部的隐蔽着的规律支配的,而问题是在于发现这些规律."概率论的任务就在于研究与揭示这些随机事件的规律.而模糊数学则是一门研究和处理模糊性现象的数学分支,它所研究的是另一类不确定问题,事件的本身是模糊的,但发生与否则是确定的,不是随机的,它是从中介过渡性中寻找非中介的倾向性——隶属程度,它使数学的应用范围从精确现象扩展到模糊现象的领域,因此不能混为一谈.

第二节　模糊集合与隶属函数

一、模糊现象与模糊集合

我们知道,在康托的集合论中,一事物要么属于某集合,要么不属于某集合,在这里绝不能模棱两可.然而在现实生活中,却充满了模糊事物与模糊概念.

在经典数学里,每一个概念都必须给出明确的定义,例如"平行四边形"定义为"两组对边平行(内涵)的四边形(外延)".但是,在人们的思维中,不是所有的概念都能做到如此明确的定义.比如大、小、胖、瘦、强、弱、虚、实、长、短、冷、热等概念,都是边界不清的、模糊的,很难用经典数学来描述.

在普通集合里,设 A 是论域 X 的子集,则 X 中的元素 x 是否属于 A 可由特征函数

$$C_A(x) = \begin{cases} 1, & x \in A, \\ 0, & x \overline{\in} A \end{cases}$$

来表明其隶属情况. 显然这种非此即彼、绝对化的二值逻辑, 对许多实际问题是不尽相符的.

那么, 该怎样来描述一个模糊集合呢?

在描述一个模糊集合时, 我们可以在普通集合的基础上, 把特征函数的取值范围从集合 $\{0,1\}$ 扩大到在 $[0,1]$ 区间连续取值, 这样一来, 就能借助经典数学这一工具, 来定量地描述模糊集合了.

例1 设 $X = \{1,2,3,4\}$, 这四个元素有大小之分, 现在要组成一个"小数"的子集. 显然元素 1 是百分之百的小数, 应该属于这个子集. 元素 4 不算小数, 不属于这个子集. 而如何来考虑元素 2 和 3 呢? 它们能否放在这个子集内? 我们可以认为元素 2"也还小", 或者算"八成小", 也把它放在这个子集内, 同时声明 2 是百分之八十的小数; 元素 3 是"勉强小", 或者算"二成小", 也把它放在这个子集内, 同时声明了是百分之二十的小数. 显然按照以上方法所组成的小数子集不是普通子集, 而是模糊子集. 为了对这两类不同的集合加以区分, 我们把小数子集记为 $\underset{\sim}{A}$, 它的元素仍为 1, 2, 3, 4, 同时给出各元素在该小数子集中的隶属程度, 即

$$\underset{\sim}{A} = \{(1|1),(2|0.8),(3|0.2),(4|0)\}.$$

扎德又将它写成

$$\underset{\sim}{A} = \frac{1}{1} + \frac{0.8}{2} + \frac{0.2}{3} + \frac{0}{4}.$$

在此, 不要误将上式右端当做分式求和. 分母位置放置的是论域中的元素, 分子位置放置的是相应元素的隶属度. 当隶属度为零时, 此项也可不写入.

定义 若对论域 X 中的每一元素 x, 都规定从 X 到闭区间 $[0,1]$ 的一个映射 $\mu_{\underset{\sim}{A}}$:

$$\mu_{\underset{\sim}{A}}: X \longrightarrow [0,1],$$
$$x \longmapsto \mu_{\underset{\sim}{A}}(x),$$

则在 X 上定义了一个**模糊集合** A：

$$A = \left\{ \frac{\mu_A(x)}{x} \bigg|_{x \in X} \right\},$$

$\mu_A(x)$ 称为 A 的**隶属函数**(membership function)，$\mu_A(x_i)$ 称为元素 x_i 的**隶属度**(grede of membership).

模糊集合 A 完全由其隶属函数所刻画.

当 X 是可数集合 $X = \{x_1, x_2, \cdots, x_n\}$ 时，则离散型模糊集合 A 可表为

$$A = \sum_{i=1}^{n} \frac{\mu_A(x_i)}{x_i};$$

当 X 为可数无穷集合 $X = \{x_1, x_2, \cdots\}$ 时，只需在上式中将 n 换为 ∞；而当 X 中的元素不可数时，则拟连续型模糊集合 A 可借用积分号记为

$$A = \int_{x \in X} \frac{\mu_A(x)}{x},$$

这里的积分号 $\int$ 仅借以表示无穷多个元素合并起来. 此处规定

$$0 \leqslant \mu_A(x) \leqslant 1$$

表示元素 x 的隶属度 $\mu_A(x)$ 可为 $[0,1]$ 区间上的任一实数. 当

$$\mu_A(x_i) = 0$$

时，表示元素 x_i 不属于这个模糊集合；当

$$\mu_A(x_i) = 1$$

时，表示元素 x_i 百分之百地属于这个模糊集合；当

$$\mu_A(x_i) = 0.8$$

时，表示元素 x_i 可 80% 属于这个模糊集合.

显然，以上说法，更真实地反映了实际情况，比如一个半圆，问它是圆或不是圆？不如说它隶属于圆的程度是 50%，更符合实际. 由此可见，模糊数学填补了经典数学的空白，更真实地反映了现实. 模糊集合是经典集合的一般化，而经典集合是模糊集合的特殊情形.

二、隶属函数的确定及其分布

隶属函数是模糊集合赖以建立的基础,那么如何来确定一个模糊集合的隶属函数呢?

在例 1 中,$\mu_A(x)$可用分布列表示:

x	1	2	3	4
$\mu_A(x)$	1	0.8	0.2	0

或者写成

$$\mu_A(x)=\begin{cases} 1, & x=1, \\ 0.8, & x=2, \\ 0.2, & x=3, \\ 0, & x=4. \end{cases}$$

显然 $\mu_A(2)=0.8$,$\mu_A(3)=0.2$ 是有争议的. 如果有人给定

$$\mu_A(x)=\begin{cases} 1, & x=1, \\ \dfrac{2}{3}, & x=2, \\ \dfrac{1}{3}, & x=3, \\ 0, & x=4, \end{cases}$$

进而用线性函数表示:

$$\mu_A(x)=\frac{1}{3}(4-x), \quad x=1,2,3,4,$$

这样选取隶属函数也是无可非议的.

应该指出,模糊集合中隶属函数值的确定本质上是客观的,但又带有主观性,通常是根据经验推理或统计而定,也可以由某个权威给出,它实质上带有约定的性质.

一般来说,隶属函数的表达式,对于离散型可用分布列表示,而对于拟连续型则有以下四种基本分布:

1. 正态型(对称型)

形如

$$\mu_{\underline{A}}(x) = e^{-\left(\frac{x-a}{b}\right)^2} \quad (b>0)$$

的隶属函数的模糊集合称为**正态型模糊集**,以上 $\mu_{\underline{A}}(x)$ 称为**正态型隶属函数**. 函数 $e^{-\left(\frac{x-a}{b}\right)^2}$ 是概率论中很重要的一种概率分布(正态分布)的概率密度函数(见图 3-1). 式中 a,b 都是给定的常数,在概率论中 a 叫做数学期望,$b=\sqrt{2}\,\sigma(\sigma$ 为标准差),e 是自然对数的底. 这是最常见的一种分布.

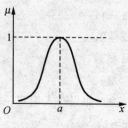

图 3-1　正态型隶属函数

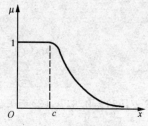

图 3-2　戒上型隶属函数

2. 戒上型(偏小型)

形如

$$\mu_{\underline{A}}(x) = \begin{cases} 1, & x \leqslant c, \\ \dfrac{1}{1+[a(x-c)]^b}, & x>c \end{cases}$$

(其中 $a>0,b>0$)的隶属函数的模糊集合称为**戒上型模糊集**,以上 $\mu_{\underline{A}}(x)$ 称为**戒上型隶属函数**,它的图形如图 3-2 所示.

3. 戒下型(偏大型)

形如

$$\mu_{\underline{A}}(x) = \begin{cases} 0, & x \leqslant c, \\ \dfrac{1}{1+[a(x-c)]^{-b}}, & x>c \end{cases}$$

(其中 $a>0,b>0$)的隶属函数的模糊集合称为**戒下型模糊集**,以

58

上 $\mu_{\underline{A}}(x)$ 称为**戒下型隶属函数**,它的图形如图 3-3 所示.

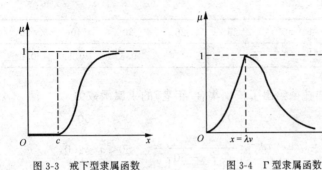

图 3-3 戒下型隶属函数   图 3-4 Γ 型隶属函数

4. Γ 型

形如

$$\mu_{\underline{A}}(x) = \begin{cases} 0, & x < 0, \\ \left(\dfrac{x}{\lambda\nu}\right)^{\nu} \cdot \mathrm{e}^{\nu - \frac{x}{\lambda}}, & x \geqslant 0 \end{cases}$$

(其中 $\lambda > 0, \nu > 0$)的隶属函数的模糊集合称为 **Γ 型模糊集**,以上 $\mu_{\underline{A}}(x)$ 称为 **Γ 型隶属函数**.

当 $\nu - \dfrac{x}{\lambda} = 0$,即 $x = \lambda\nu$ 时,隶属度为 1,如图 3-4 所示.

在实际问题中,若用模糊数学去处理模糊概念时,选择适当的隶属函数是很重要的. 如果选取不当,则会远离实际情况,从而影响效果.

例 2 描述"年轻"这个模糊集合,一般认为 25 岁以下是标准的年轻,年过 25 岁,则年轻的程度将递减,故应属戒上型. 扎德曾给出"年轻"这个模糊集合的隶属函数为

$$\mu_{年轻}(x) = \begin{cases} 1, & 0 \leqslant x \leqslant 25, \\ \dfrac{1}{1 + \left(\dfrac{x - 25}{5}\right)^{2}}, & 25 < x \leqslant 200, \end{cases}$$

其中论域 $X = [0, 200]$,常数 5 表示以 5 岁为一级,是为计算方便

而给定的. 这里, X 是一个连续的实数区间. 现计算几个年龄的隶属度如下:

x	0	25	28	30	40	50
$\mu_{年轻}(x)$	1	1	0.74	0.5	0.1	0.04

同样扎德给出了模糊集合"年老"的隶属函数为

$$\mu_{年老}(x)=\begin{cases}0, & 0\leqslant x\leqslant 50,\\ \dfrac{1}{1+\left(\dfrac{x-50}{5}\right)^{-2}}, & 50<x\leqslant 200,\end{cases}$$

其隶属度可计算如下表:

x	0	50	55	60	70	80
$\mu_{年老}(x)$	0	0	0.5	0.8	0.94	0.97

年龄越大其隶属度也越大, 模糊集合"年老"应属戒下型. 50岁也是被公认为开始年老的年龄.

例3 设波长 λ 的论域 $U=[4000,8000]$ (单位: Å), 则"红光"、"绿光"、"蓝光"等都是论域 U 上的模糊集合. 绿光波长 $\lambda\in[4600,5700]$ (单位: Å), $\lambda=5400$ Å 是标准的绿光, 其分布图是以 $\lambda=5400$ 为对称的正态分布. 实际描出其分布图的幅度 $b=300$, 可给出其隶属函数为

$$\mu_{绿}(\lambda)=e^{-\left(\frac{\lambda-5400}{300}\right)^2}.$$

根据上式可以标出 $\lambda=5700$ (或 5100) 时淡绿光的隶属度为

$$\mu_{绿}(5700)=\mu_{绿}(5100)=e^{-1}=0.3679\approx0.37.$$

同样可以给出红光、蓝光的隶属函数分别为

$$\mu_{红}(\lambda)=e^{-\left(\frac{\lambda-7000}{600}\right)^2}, \quad \mu_{蓝}(\lambda)=e^{-\left(\frac{\lambda-4600}{200}\right)^2}.$$

例4 设 $U=\{a,b,c,d,e\}$, 其中 a,b,c,d,e 是图 3-5 中的五

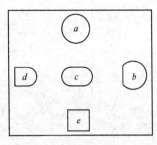

图 3-5 圆的程度

个小块. 按照圆的程度可以确定模糊集合 $\underset{\sim}{A}$ 的隶属度如下：

$$\mu_{\underset{\sim}{A}}(a)=1, \quad \mu_{\underset{\sim}{A}}(b)=\frac{3}{4}, \quad \mu_{\underset{\sim}{A}}(c)=\frac{1}{2},$$

$$\mu_{\underset{\sim}{A}}(d)=\frac{1}{4}, \quad \mu_{\underset{\sim}{A}}(e)=0.$$

于是模糊集合

$$\underset{\sim}{A}=\frac{1}{a}+\frac{3/4}{b}+\frac{1/2}{c}+\frac{1/4}{d}+\frac{0}{e}.$$

它们的含义是说, a 是 100% 的圆, b 是 3/4 的圆, c 是半圆, d 只算 1/4 的圆, e 不能算圆. 其隶属函数可以表示为

$$\mu_{\underset{\sim}{A}}(x)=\begin{cases} 1, & x=a, \\ 3/4, & x=b, \\ 1/2, & x=c, \\ 1/4, & x=d, \\ 0, & x=e, \end{cases}$$

或用分布列表示：

x	a	b	c	d	e
$\mu_{\underset{\sim}{A}}(x)$	1	$\dfrac{3}{4}$	$\dfrac{1}{2}$	$\dfrac{1}{4}$	0

同样, 按照方的程度可以确定模糊集合 $\underset{\sim}{B}$ 的隶属函数为

$$\mu_{\underline{B}}(x)=\begin{cases} 0, & x=a, \\ 1/4, & x=b, \\ 1/2, & x=c, \\ 3/4, & x=d, \\ 1, & x=e. \end{cases}$$

由此得模糊集合 $\underline{B}=\dfrac{0}{a}+\dfrac{1/4}{b}+\dfrac{1/2}{c}+\dfrac{3/4}{d}+\dfrac{1}{e}$，这是与实际情况相符的.

例 5　针麻手术规定无痛（－）、轻痛（＋）、中痛（＋＋）、剧痛（＋＋＋）四级. 可以据此定出手术 $\underline{A}$ 的隶属函数：

$$\mu_{\underline{A}}(x)=\begin{cases} 0, & \text{优（无痛），} \\ 0.1\sim0.3, & \text{良（轻痛），} \\ 0.4\sim0.7, & \text{可（中痛），} \\ 0.8\sim1, & \text{劣（剧痛）.} \end{cases}$$

医生根据临床经验还可以通过血压、脉搏在这四级中各自波动的范围来确定隶属函数，这样更为准确客观. 如给出下表：

级别	血压波动	脉搏波动	隶属度
轻痛	20 mmHg 内	20 次/分以内	0.1～0.3
中痛	20～30 mmHg	20～30 次/分	0.4～0.7
剧痛	30 mmHg 以上	30 次/分以上	0.8～1

总之，隶属函数的确定是客观事物本质属性在人脑中的反映，既有客观标准，也有主观因素. 探求的方法也是多种多样的. 一定要力求准确真实，并通过检验证实才有实用价值.

第三节　模糊集合的运算

我们知道，模糊数学是用精确数学的方法处理具有模糊现象的数学. 为了寻找架在形式化思维和模糊复杂系统之间的桥梁，必须找到一套描述模糊事物、处理模糊现象的数学方法. 为此，首先讨论模糊集合的运算.

一、模糊集合运算的概念

模糊集合(简称模糊集)的运算是普通集合(简称普通集)运算的拓广.由于模糊集是用隶属函数来表征的,因此两个模糊集间的运算,实际上就是逐点对隶属度作相应的运算.下面我们首先来探讨模糊集中空集、全集、等集、子集的概念,这些概念实际上是普通集相应概念的推广;进而再来讨论模糊集中补集、并集、交集的运算.

1. 空集

设有模糊集 $\underset{\sim}{A}$,当且仅当对于所有元素 x 它的隶属函数恒为零,则称 $\underset{\sim}{A}$ 为空模糊集,记做 $\underset{\sim}{A}=\varnothing$,即

$$\underset{\sim}{A}=\varnothing \Longleftrightarrow \mu_{\underset{\sim}{A}}(x)=0.$$

显然模糊集中的空集就是一个普通集.

2. 全集

模糊集中的全集,也是普通集,它的隶属函数是 1,即

$$\underset{\sim}{A}=E \Longleftrightarrow \mu_{\underset{\sim}{A}}(x)=1.$$

3. 等集

两个模糊集 $\underset{\sim}{A},\underset{\sim}{B}$,当且仅当对于所有的元素 x 它们的隶属函数都相等时,称它们为**相等**,记为 $\underset{\sim}{A}=\underset{\sim}{B}$,则

$$\underset{\sim}{A}=\underset{\sim}{B} \Longleftrightarrow \mu_{\underset{\sim}{A}}(x)=\mu_{\underset{\sim}{B}}(x).$$

4. 子集

设有模糊集 $\underset{\sim}{A}$ 和 $\underset{\sim}{B}$,对于所有元素 x,当且仅当 $\mu_{\underset{\sim}{A}}(x) \leqslant \mu_{\underset{\sim}{B}}(x)$ 时,称 $\underset{\sim}{A}$ 包含于 $\underset{\sim}{B}$,此时称 $\underset{\sim}{A}$ 为 $\underset{\sim}{B}$ 的**子集**,记为 $\underset{\sim}{A} \subseteq \underset{\sim}{B}$,即

$$\underset{\sim}{A} \subseteq \underset{\sim}{B} \Longleftrightarrow \mu_{\underset{\sim}{A}}(x) \leqslant \mu_{\underset{\sim}{B}}(x).$$

当且仅当 $\mu_{\underset{\sim}{A}}(x) < \mu_{\underset{\sim}{B}}(x)$ 时,称 $\underset{\sim}{A}$ 真包含于 $\underset{\sim}{B}$,此时称 $\underset{\sim}{A}$ 为 $\underset{\sim}{B}$ 的**真子集**,记为 $\underset{\sim}{A} \subset \underset{\sim}{B}$.

例如设 $\underset{\sim}{A}$ 为"少年"的模糊集,$\underset{\sim}{B}$ 为"年轻"的模糊集,任何人属于 $\underset{\sim}{A}$ 的隶属程度总是小于属于 $\underset{\sim}{B}$ 的隶属程度,因此,"少年"是

"年轻"的模糊子集.

5. 补集

模糊集 $\underset{\sim}{A}$ 的**绝对补集**记为 $\overline{\underset{\sim}{A}}$,定义如下:具有隶属函数

$$\mu_{\overline{\underset{\sim}{A}}}(x)=1-\mu_{\underset{\sim}{A}}(x)$$

的模糊集 $\overline{\underset{\sim}{A}}$ 称为 $\underset{\sim}{A}$ 的绝对补集,即 $\underset{\sim}{A}$ 的补集

$$\overline{\underset{\sim}{A}}(或 \neg \underset{\sim}{A})\Longleftrightarrow \mu_{\overline{\underset{\sim}{A}}}(x)=1-\mu_{\underset{\sim}{A}}(x).$$

若 $\underset{\sim}{A}$ 和 $\underset{\sim}{B}$ 均为模糊集,则 $\underset{\sim}{A}$ 关于 $\underset{\sim}{B}$ 的**相对补集**记为 $\underset{\sim}{B}-\underset{\sim}{A}$,由下式

$$\mu_{\underset{\sim}{B}-\underset{\sim}{A}}(x)=\mu_{\underset{\sim}{B}}(x)-\mu_{\underset{\sim}{A}}(x)$$

定义,其中规定 $\mu_{\underset{\sim}{B}}(x)\geqslant\mu_{\underset{\sim}{A}}(x)$.

例如,设 $\underset{\sim}{A}$ 为"高个子"的模糊集,$\overline{\underset{\sim}{A}}$ 为"非高个子"的模糊集,对于身高为 1.78 米的 x_1 来说,若 $\mu_{\underset{\sim}{A}}(x_1)=0.9$,则他属于"非高个子"的隶属度(或资格)为

$$\mu_{\overline{\underset{\sim}{A}}}(x_1)=1-0.9=0.1.$$

又如,设 $\underset{\sim}{A}$ 为"胖子"的模糊集,$\underset{\sim}{B}$ 为"高个子"的模糊集,某人 x_1 属于"胖子"的隶属度 $\mu_{\underset{\sim}{A}}(x_1)=0.6$,而属于"高个子"的隶属度 $\mu_{\underset{\sim}{B}}(x_1)=0.9$,则 x_1 属于"胖子"关于"高个子"的相对补的隶属度(或资格)为

$$\mu_{\underset{\sim}{B}-\underset{\sim}{A}}(x)=\mu_{\underset{\sim}{B}}(x)-\mu_{\underset{\sim}{A}}(x)=0.9-0.6=0.3.$$

上式表示某人 x_1 属于"高个子"的资格比属于"胖子"的资格要强 0.3.

6. 并集

设论域 X 上两模糊集 $\underset{\sim}{A}$ 和 $\underset{\sim}{B}$ 的隶属函数分别是 $\mu_{\underset{\sim}{A}}(x)$ 和 $\mu_{\underset{\sim}{B}}(x)$,它们的并是一个模糊集,用 $\underset{\sim}{C}$ 来表示,记为 $\underset{\sim}{C}=\underset{\sim}{A}\cup\underset{\sim}{B}$,其隶属函数与 $\underset{\sim}{A}$ 和 $\underset{\sim}{B}$ 的隶属函数之间有关系

$$\mu_{\underset{\sim}{C}}(x)=\max\{\mu_{\underset{\sim}{A}}(x),\mu_{\underset{\sim}{B}}(x)\}, \quad \forall x\in X,$$

即

$$\underset{\sim}{C}=\underset{\sim}{A}\cup\underset{\sim}{B}\Longleftrightarrow\mu_{\underset{\sim}{C}}(x)=\max\{\mu_{\underset{\sim}{A}}(x),\mu_{\underset{\sim}{B}}(x)\}.$$

例如设 A 为"胖子"的模糊集,B 为"高个子"的模糊集,今有五人组成的集合

$$X = \{x_1, x_2, x_3, x_4, x_5\},$$

他们分别属于"胖子"集合 A 和"高个子"集合 B 的隶属度为

$$\begin{cases} \mu_A(x_1) = 0.5, & \mu_B(x_1) = 0.6, \\ \mu_A(x_2) = 0.8, & \mu_B(x_2) = 0.5, \\ \mu_A(x_3) = 0.4, & \mu_B(x_3) = 1, \\ \mu_A(x_4) = 0.6, & \mu_B(x_4) = 0.3, \\ \mu_A(x_5) = 0.4, & \mu_B(x_5) = 0.4. \end{cases}$$

这时,A, B 的并集 $C = A \cup B$ 表示"或胖或高的人"的模糊集,其隶属函数为

$$\mu_C(x_1) = \max\{\mu_A(x_1), \mu_B(x_1)\}$$
$$= 0.5 \vee 0.6 = 0.6,$$
$$\mu_C(x_2) = 0.8 \vee 0.5 = 0.8,$$
$$\mu_C(x_3) = 0.4 \vee 1 = 1,$$
$$\mu_C(x_4) = 0.6 \vee 0.3 = 0.6,$$
$$\mu_C(x_5) = 0.4 \vee 0.4 = 0.4,$$

其中"$\vee$"称为取大运算.

模糊集并运算也可表示为

$$A \cup B \Longleftrightarrow \mu_{A \cup B}(x) = \mu_A(x) \vee \mu_B(x).$$

在上述模糊集并运算的定义中,如果隶属函数只取 1 或 0,那么就成了普通集的并运算.因此,普通集只是模糊集的一个特例,模糊集的并运算是普通集并运算的扩大和推广.

7. 交集

A, B 的交集也是一个模糊集,记为 $D = A \cap B$,其隶属函数规定为 $\mu_D(x) = \min\{\mu_A(x), \mu_B(x)\}, \forall x \in X$,即

$$D = A \cap B \Longleftrightarrow \mu_D(x) = \min\{\mu_A(x), \mu_B(x)\}.$$

上式也可表示为

$$A \cap B \Longleftrightarrow \mu_{A \cap B}(x) = \mu_A(x) \wedge \mu_B(x),$$

其中"∧"称为取小运算.

如对于上述的五人集合,可有

$$\begin{cases} \mu_{A \cap B}(x_1) = 0.5, \\ \mu_{A \cap B}(x_2) = 0.5, \\ \mu_{A \cap B}(x_3) = 0.4, \\ \mu_{A \cap B}(x_4) = 0.3, \\ \mu_{A \cap B}(x_5) = 0.4, \end{cases}$$

这里,交集 $A \cap B$ 表示"又胖又高的人"所组成的模糊集.

论域 X 中各元素的 $\mu_A(x), \mu_B(x), \mu_{A \cup B}(x), \mu_{A \cap B}(x)$ 分别如图 3-6,图 3-7 所示.

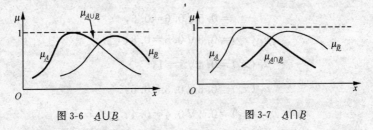

图 3-6 $A \cup B$ 图 3-7 $A \cap B$

模糊集交运算的定义也是普通集交运算定义的拓广. 只要隶属函数只取 1 或 0,模糊集的交就成了普通集的交.

模糊集的并、交运算,不仅与普通集的同类运算相通,而且也具有实际意义. 例如,在统一招收研究生时,考了英语与日语两门外语. 如有位考生英语得 90 分,日语得 60 分. 这时,假如有的导师只要求考生掌握一门外语,那就可以以 90 分代表该生的外语水平(取大);如果有的导师要求掌握两门外语,那就只能以 60 分来代表该生的外语水平(取小)了.

以上结论也可写成如下定理:

定理 1 模糊集的运算通过它的隶属函数实现:

66

$$\underset{\sim}{A}=\varnothing \Longleftrightarrow \mu_{\underset{\sim}{A}}(x)=0;$$

$$\underset{\sim}{A}=E \Longleftrightarrow \mu_{\underset{\sim}{A}}(x)=1;$$

$$\underset{\sim}{A}=\underset{\sim}{B} \Longleftrightarrow \mu_{\underset{\sim}{A}}(x)=\mu_{\underset{\sim}{B}}(x);$$

$$\underset{\sim}{A} \subseteq \underset{\sim}{B} \Longleftrightarrow \mu_{\underset{\sim}{A}}(x) \leqslant \mu_{\underset{\sim}{B}}(x);$$

$$\overline{\underset{\sim}{A}} \Longleftrightarrow \mu_{\overline{\underset{\sim}{A}}}(x)=1-\mu_{\underset{\sim}{A}}(x);$$

$$\underset{\sim}{A} \bigcup \underset{\sim}{B} \Longleftrightarrow \mu_{\underset{\sim}{A} \bigcup \underset{\sim}{B}}(x)=\mu_{\underset{\sim}{A}}(x) \bigvee \mu_{\underset{\sim}{B}}(x);$$

$$\underset{\sim}{A} \bigcap \underset{\sim}{B} \Longleftrightarrow \mu_{\underset{\sim}{A} \bigcap \underset{\sim}{B}}(x)=\mu_{\underset{\sim}{A}}(x) \bigwedge \mu_{\underset{\sim}{B}}(x).$$

例 1 设 $X=\{1,2,3,4\}$,则

小数集 $\underset{\sim}{A}=\dfrac{1}{1}+\dfrac{0.8}{2}+\dfrac{0.2}{3}+\dfrac{0}{4}$;

大数集 $\underset{\sim}{B}=\dfrac{0}{1}+\dfrac{0.2}{2}+\dfrac{0.8}{3}+\dfrac{1}{4}$;

较小数集 $\underset{\sim}{C}=\dfrac{0.5}{1}+\dfrac{1}{2}+\dfrac{0.5}{3}+\dfrac{0}{4}$;

不较小数集 $\overline{\underset{\sim}{C}}=\dfrac{0.5}{1}+\dfrac{0}{2}+\dfrac{0.5}{3}+\dfrac{1}{4}$;

小或较小数集

$$\underset{\sim}{A} \bigcup \underset{\sim}{C}=\frac{1 \bigvee 0.5}{1}+\frac{0.8 \bigvee 1}{2}+\frac{0.2 \bigvee 0.5}{3}+\frac{0 \bigvee 0}{4}$$

$$=\frac{1}{1}+\frac{1}{2}+\frac{0.5}{3}+\frac{0}{4};$$

既小又大的数集

$$\underset{\sim}{A} \bigcap \underset{\sim}{B}=\frac{1 \bigwedge 0}{1}+\frac{0.8 \bigwedge 0.2}{2}+\frac{0.2 \bigwedge 0.8}{3}+\frac{0 \bigwedge 1}{4}$$

$$=\frac{0}{1}+\frac{0.2}{2}+\frac{0.2}{3}+\frac{0}{4}.$$

本例提供了将模糊语言数学化的范例.

二、模糊集合的运算性质

普通集中的各种运算性质除互补律外对于模糊集也都成立,
但其证明不能用文氏图或真值表,而必须利用表示模糊集特征的

隶属函数来证明.

定理 2　模糊集具有以下的运算性质：

(1) **幂等律**　$A \cup A = A$，$A \cap A = A$；

(2) **交换律**　$A \cup B = B \cup A$，$A \cap B = B \cap A$；

(3) **结合律**　$(A \cup B) \cup C = A \cup (B \cup C)$，

　　　　　　　$(A \cap B) \cap C = A \cap (B \cap C)$；

(4) **吸收律**　$A \cup (A \cap B) = A$，$A \cap (A \cup B) = A$；

(5) **分配律**　$A \cup (B \cap C) = (A \cup B) \cap (A \cup C)$，

　　　　　　　$A \cap (B \cup C) = (A \cap B) \cup (A \cap C)$；

(6) **复原律**　$\overline{\overline{A}} = A$ 或 $\neg(\neg A) = A$；

(7) **对偶律**　$\overline{A \cup B} = \overline{A} \cap \overline{B}$，$\overline{A \cap B} = \overline{A} \cup \overline{B}$；

(8) **定常律**　设 A 是论域 X 上的模糊集合，则

　　　　　　　$A \cup X = X$，　$A \cap X = A$，

　　　　　　　$A \cup \varnothing = A$，　$A \cap \varnothing = \varnothing$.

例 2　证明吸收律：$A \cup (A \cap B) = A$.

证　$\mu_{A \cup (A \cap B)}(x) = \mu_A(x) \vee \mu_{(A \cap B)}(x)$

$$= \mu_A(x) \vee (\mu_A(x) \wedge \mu_B(x))$$

$$= \begin{cases} \mu_A(x) \vee \mu_B(x), & \mu_A(x) \geqslant \mu_B(x), \\ \mu_A(x) \vee \mu_A(x), & \mu_A(x) < \mu_B(x) \end{cases}$$

$$= \mu_A(x),$$

所以 $A \cup (A \cap B) = A$.

例 3　证明对偶律（德·摩根律）：$\overline{A \cup B} = \overline{A} \cap \overline{B}$.

证　$\mu_{\overline{A \cup B}}(x) = 1 - \mu_{(A \cup B)}(x)$

$$= 1 - [\mu_A(x) \vee \mu_B(x)],$$

$\mu_{\overline{A} \cap \overline{B}}(x) = \mu_{\overline{A}}(x) \wedge \mu_{\overline{B}}(x)$

$$= [1 - \mu_A(x)] \wedge [1 - \mu_B(x)].$$

当 $\mu_A(x) > \mu_B(x)$ 时，

　　$\mu_{\overline{A \cup B}}(x) = 1 - \mu_A(x)$，　$\mu_{\overline{A} \cap \overline{B}}(x) = 1 - \mu_A(x)$；

当 $\mu_A(x) \leqslant \mu_B(x)$ 时，

$$\mu_{\overline{A \cup B}}(x) = 1 - \mu_B(x), \quad \mu_{\overline{A} \cap \overline{B}}(x) = 1 - \mu_B(x).$$

从而 $\mu_{\overline{A \cup B}}(x) = \mu_{\overline{A} \cap \overline{B}}(x)$，所以 $\overline{A \cup B} = \overline{A} \cap \overline{B}$.

例 4　验证普通集中互补律在模糊集中不成立(举例)：

$$\underset{\sim}{A} \cup \overline{\underset{\sim}{A}} \neq E, \quad \underset{\sim}{A} \cap \overline{\underset{\sim}{A}} \neq \varnothing,$$

即　　　　$\mu_A(x) \vee \mu_{\overline{A}}(x) \neq 1, \quad \mu_A(x) \wedge \mu_{\overline{A}}(x) \neq 0.$

解　例如 $\mu_A(x) = 0.3$，则 $\mu_{\overline{A}}(x) = 0.7$，而

$$\mu_A(x) \vee \mu_{\overline{A}}(x) = 0.3 \vee 0.7 = 0.7 \neq 1,$$

$$\mu_A(x) \wedge \mu_{\overline{A}}(x) = 0.3 \wedge 0.7 = 0.3 \neq 0.$$

第四节　模糊集合与普通集合的相互转化

一、λ 水平截集

模糊集是通过隶属函数来定义的，它可以转化为普通集. 例如，"高个子"是个模糊集，可是"身高 1.70 m 以上的人"就是个普通集了，因为它具有明确的界线；同样，"老人"是个模糊集，而"70 岁以上的人"却是个普通集. 下面引进一个新的概念来揭示模糊集与普通集间的联系.

定义 1　设给定模糊集 $\underset{\sim}{A}$，对于任意实数 $\lambda \in [0,1]$，称普通集 $A_\lambda = \{x \mid \mu_A(x) \geqslant \lambda\}$ 为 $\underset{\sim}{A}$ 的 λ **水平截集**，简称 λ **截集**(λ cut sets).

所谓取一个模糊集的截集 A_λ，也就是将隶属函数按下式转化成特征函数：

$$C_{A_\lambda}(x) = \begin{cases} 1, & \text{当 } \mu_A(x) \geqslant \lambda \text{ 时}, \\ 0, & \text{当 } \mu_A(x) < \lambda \text{ 时}. \end{cases}$$

其直观意义是：当 x 对 $\underset{\sim}{A}$ 的隶属度达到或超过 λ 时，就算是 A_λ 的元素. 称 λ 为置信水平 (belivable level)，又可通俗地解释为"门槛"或"阈值". 以上转化如图 3-8 所示.

例如在第二节例 4 中，

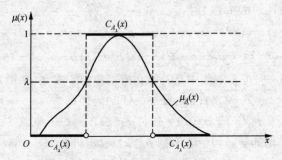

图 3-8　A_λ 的特征函数

$$\underset{\sim}{A} = \frac{1}{a} + \frac{0.75}{b} + \frac{0.5}{c} + \frac{0.25}{d} + \frac{0}{e}.$$

取 $\lambda=1$，凡不满 1 的隶属度都看做 0，于是

$$A_1 = \{a\}.$$

从图 3-5 看出，只有 a 才是圆，A_1 中只有一个元素 a，这个"水平"很高.

取 $\lambda=0.6$，即隶属度在 0.6 以上的都看成 1，不满 0.6 的看做 0，于是

$$A_{0.6} = \{a, b\},$$

即圆降低到六成的水平（门槛低了一点），b 也算是圆了，$A_{0.6}$ 中有两个元素 a, b.

取 $\lambda=0.5$，则

$$A_{0.5} = \{a, b, c\}.$$

将圆的水平再降低到五成，连半圆 c 也算是圆了.

同样，$A_{0.2}=\{a,b,c,d\}$, $A_0=U=\{a,b,c,d,e\}$.

λ 截集具有以下性质：

性质 1　$(\underset{\sim}{A}\cup\underset{\sim}{B})_\lambda=A_\lambda\cup B_\lambda$, $(\underset{\sim}{A}\cap\underset{\sim}{B})_\lambda=A_\lambda\cap B_\lambda$.

证　$x\in(\underset{\sim}{A}\cup\underset{\sim}{B})_\lambda$　$(0\leqslant\lambda\leqslant1)$

$\Longleftrightarrow\mu_{\underset{\sim}{A}\cup\underset{\sim}{B}}(x)\geqslant\lambda$

$\Longleftrightarrow\mu_{\underset{\sim}{A}}(x)\vee\mu_{\underset{\sim}{B}}(x)\geqslant\lambda$

$$\Longleftrightarrow \mu_{\underset{\sim}{A}}(x) \geqslant \lambda \text{ 或 } \mu_{\underset{\sim}{B}}(x) \geqslant \lambda$$

$$\Longleftrightarrow x \in A_\lambda \text{ 或 } x \in B_\lambda$$

$$\Longleftrightarrow x \in (A_\lambda \bigcup B_\lambda),$$

所以 $(\underset{\sim}{A} \bigcup \underset{\sim}{B})_\lambda = A_\lambda \bigcup B_\lambda.$

类似可证 $(\underset{\sim}{A} \bigcap \underset{\sim}{B})_\lambda = A_\lambda \bigcap B_\lambda.$　证毕.

性质 2　若 $\lambda, \mu \in [0,1]$ 且 $\lambda < \mu$, 则 $A_\lambda \supseteq A_\mu$.

亦即截集水平越低, A_λ 越大; 反之水平越高, A_λ 也就越小. 证明是显然的.

当 $\lambda = 1$ 时, A_λ 最小. 若 $A_{\lambda=1} \neq \varnothing$ 时, 则称它是 $\underset{\sim}{A}$ 的"**核**". 为此有如下定义:

定义 2　如果一个模糊集 $\underset{\sim}{A}$ 的核是非空的, 则称 $\underset{\sim}{A}$ 为**正规模糊集**, 否则称为**非正规模糊集**.

以下定义模糊集 $\underset{\sim}{A}$ 的支(撑)集($\operatorname{supp}\underset{\sim}{A}$).

定义 3　模糊集 $\underset{\sim}{A}$ 的**支集** $\operatorname{supp}\underset{\sim}{A}$ 为

$$\operatorname{supp}\underset{\sim}{A} = \{x \mid x \in U, \ \mu_{\underset{\sim}{A}}(x) > 0\} \text{ (见图 3-9)}.$$

$\operatorname{supp}\underset{\sim}{A}$ 有时也记做 A_{0^+}, 表示 $\underset{\sim}{A}$ 的支集是论域 U 中 $\mu_{\underset{\sim}{A}}(x)$ 为正的点的集合, 并称 $\operatorname{supp}\underset{\sim}{A} - A_1$ 为 $\underset{\sim}{A}$ 的**边界**.

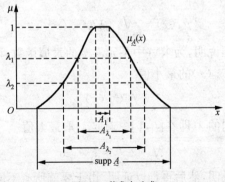

图 3-9　截集与支集

由以上可知, 核 A_1 是完全隶属于 $\underset{\sim}{A}$ 的成员, 以后随着阈值 λ

从 1 下降趋于 0(不到达 0)，A_λ 从 A 的核扩张为 A 的支集。因此，普通子集族

$$\{A_\lambda \mid 0 < \lambda \leqslant 1\}$$

象征着一个具有游移边界的集合，一个具有弹性边界的集合，和一个可变的运动的集合。

例如在第二节例 4 的

$$A = \frac{1}{a} + \frac{0.75}{b} + \frac{0.5}{c} + \frac{0.25}{d} + \frac{0}{e}$$

中，$A_1 = \{a\}$ 是 A 的核，而 $A_{0^+} = \{a, b, c, d\}$。

二、分解定理和扩张原理

模糊数学的基本理论除了模糊集合外，还有分解定理(decomposition theorem)与扩张原理(expansion principle)，前者把模糊集合论的问题化为普通集合论的问题来解，而后者把普通集合论的方法扩展到模糊集合中去。

下面首先介绍**分解定理**：

设 A 为论域 U 的一个模糊集，A_λ 是 A 的 λ 截集，$\lambda \in [0, 1]$，$C_{A_\lambda}(x)$ 为 A_λ 的特征函数，则

$$\mu_A(x) = \bigvee_{\lambda \in [0,1]} [\lambda \wedge C_{A_\lambda}(x)].$$

以上定理说明，为求 A 中某元素 x 的隶属函数，可以先求 λ 与其特征函数 $C_{A_\lambda}(x)$ 的最小值

$$\lambda \wedge C_{A_\lambda}(x),$$

再就所有不同的 λ(即在 $[0, 1]$ 中遍取 λ)取最大值

$$\bigvee_{\lambda \in [0,1]} [\lambda \wedge C_{A_\lambda}(x)].$$

以下先举例说明，然后再加以证明。由于要就所有不同的 λ 遍取是不可能取全的，因此这个说明并不是严格的，仅供了解这个问题做参考。

例 1 设 $\underset{\sim}{A} = \dfrac{1}{a} + \dfrac{0.75}{b} + \dfrac{0.5}{c} + \dfrac{0.25}{d} + \dfrac{0}{e}$，求 $\mu_{\underset{\sim}{A}}(c)$。

解 取 5 个 λ 截集：

$\lambda = 1$：$A_1 = \{a\}$，$\lambda \wedge C_{A_\lambda}(c) = 1 \wedge 0 = 0$；

$\lambda = 0.6$：$A_{0.6} = \{a,b\}$，$\lambda \wedge C_{A_\lambda}(c) = 0.6 \wedge 0 = 0$；

$\lambda = 0.5$：$A_{0.5} = \{a,b,c\}$，$\lambda \wedge C_{A_\lambda}(c) = 0.5 \wedge 1 = 0.5$；

$\lambda = 0.2$：$A_{0.2} = \{a,b,c,d\}$，$\lambda \wedge C_{A_\lambda}(c) = 0.2 \wedge 1 = 0.2$；

$\lambda = 0$：$A_0 = \{a,b,c,d,e\}$，$\lambda \wedge C_{A_\lambda}(c) = 0 \wedge 1 = 0$，

则

$$\bigvee_{\lambda \in [0,1]} [\lambda \wedge C_{A_\lambda}(c)] = (1 \wedge 0) \vee (0.6 \wedge 0) \vee (0.5 \wedge 1)$$
$$\vee (0.2 \wedge 1) \vee (0 \wedge 1)$$
$$= 0 \vee 0 \vee 0.5 \vee 0.2 \vee 0 = 0.5.$$

所以 $\mu_{\underset{\sim}{A}}(c) = 0.5$。

注 如果要求 $\mu_{\underset{\sim}{A}}(c)$，则所取的 5 个 λ 截集一定要包含有开始出现 c 的 $\lambda = 0.5$，否则验证就不正确了。

分解定理的证明 因为 $C_{A_\lambda}(x)$ 是 A_λ 的特征函数，即

$$C_{A_\lambda}(x) = \begin{cases} 0, & \mu_{\underset{\sim}{A}}(x) < \lambda, \\ 1, & \mu_{\underset{\sim}{A}}(x) \geqslant \lambda, \end{cases}$$

而在 $[0,1]$ 内遍取 λ，可以将 λ 分为两类：

$$\mu_{\underset{\sim}{A}}(x) < \lambda \quad \text{与} \quad \mu_{\underset{\sim}{A}}(x) \geqslant \lambda,$$

于是

$$\bigvee_{\lambda \in [0,1]} \{\lambda \wedge C_{A_\lambda}(c)\}$$
$$= \left[\bigvee_{\mu_{\underset{\sim}{A}}(x) < \lambda} (\lambda \wedge C_{A_\lambda}(x)) \right] \vee \left[\bigvee_{\mu_{\underset{\sim}{A}}(x) \geqslant \lambda} (\lambda \wedge C_{A_\lambda}(x)) \right].$$

但

$$\bigvee_{\mu_{\underset{\sim}{A}}(x) < \lambda} (\lambda \wedge C_{A_\lambda}(x)) = \bigvee_{\mu_{\underset{\sim}{A}}(x) < \lambda} (\lambda \wedge 0) = 0,$$

$$\bigvee_{\mu_{\underset{\sim}{A}}(x)\geqslant\lambda}(\lambda\wedge C_{A_\lambda}(x))=\bigvee_{\mu_{\underset{\sim}{A}}(x)\geqslant\lambda}(\lambda\wedge 1)=\bigvee_{\mu_{\underset{\sim}{A}}(x)\geqslant\lambda}(\lambda),$$

所以

$$\bigvee_{\lambda\in[0,1]}\{\lambda\wedge C_{A_\lambda}(c)\}=\bigvee_{\mu_{\underset{\sim}{A}}(x)\geqslant\lambda}(\lambda)=\mu_{\underset{\sim}{A}}(x).$$

截集概念及分解定理是联系普通集与模糊集的桥梁.

扩张原理是扎德于 1975 年引进的,这个原理允许将一个映射或关系的定义域从 X 中的普通集拓展为 X 中的模糊集,从而提供了为处理模糊量而把非模糊的数学概念进行扩充的一般方法.

在普通集合中,我们已讨论过有关集合的像与集合的原像的问题. 设给定两个集合 X 和 Y,且有映射

$$f: X \longrightarrow Y.$$

如果在 X 上给定一普通子集 A,则可以通过映射 f 得到一个集合 $B=f(A)$,且 $B\subseteq Y$. 但是若在 X 上给定一模糊集 $\underset{\sim}{A}$,则经过映射 f 之后变成什么呢? 对此扎德在 1975 年引入了所谓 "**扩张原理**",它可以作为公理来使用,现表述如下:

设 f 是从 X 到 Y 的一个映射,$\underset{\sim}{A}$ 是 X 上的一个模糊集:

$$\underset{\sim}{A}=\frac{\mu_1}{x_1}+\frac{\mu_2}{x_2}+\cdots+\frac{\mu_n}{x_n},$$

则由映射 f 产生的 $\underset{\sim}{A}$ 的像为

$$f(\underset{\sim}{A})=\frac{\mu_1}{f(x_1)}+\frac{\mu_2}{f(x_2)}+\cdots+\frac{\mu_n}{f(x_n)}.$$

这就是说,$\underset{\sim}{A}$ 经过映射 f 后,映射成 $f(\underset{\sim}{A})$ 时,其隶属函数可以无保留地传递下去,亦即经过映射后,模糊集 $\underset{\sim}{A}$ 和 $f(\underset{\sim}{A})$ 在论域中的相应元素的隶属度保持不变.

若 $\underset{\sim}{A}$ 是一个连续集,即

$$\underset{\sim}{A}=\int_X\frac{\mu_A(x)}{x},$$

则

$$f(\underset{\sim}{A})=\int_Y\frac{\mu_{\underset{\sim}{A}}(x)}{f(x)}.$$

如果不是单值映射时,则规定像的隶属度取最大值.

以上"扩张原理"的合理性留待以后证明,下面我们通过图 3-10,图 3-11 来进行说明.

从图 3-10 可以看出,模糊集 $\underset{\sim}{A}$ 的隶属函数为 $\mu_{\underset{\sim}{A}}(x)$,经过映射 f 后,得模糊集 $f(\underset{\sim}{A})=\underset{\sim}{B}$,其隶属函数变为 $\mu_{\underset{\sim}{B}}(y)$,但各相应点隶属度不变. 例如:

x_1 点:$\mu_{\underset{\sim}{A}}(x_1)=a_1$,相应点 y_1,$\mu_{\underset{\sim}{B}}(y_1)=b_1=a_1$;

x_2 点:$\mu_{\underset{\sim}{A}}(x_2)=a_2$,相应点 y_2,$\mu_{\underset{\sim}{B}}(y_2)=b_2=a_2$;

x_3 点:$\mu_{\underset{\sim}{A}}(x_3)=a_3$,相应点 y_3,$\mu_{\underset{\sim}{B}}(y_3)=b_3=a_3$.

此处 a_1,a_2,a_3 和 b_1,b_2,b_3 都是 $[0,1]$ 闭区间的实数.

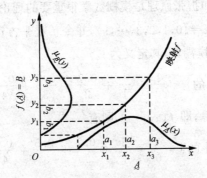

图 3-10 映射后隶属度保持不变

另外还可以用图 3-11 来解释,若不是单值映射时,像的隶属

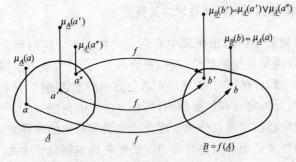

图 3-11 映射图

75

度应取最大者.

设

$$A = \frac{\mu_A(a)}{a} + \frac{\mu_A(a')}{a'} + \frac{\mu_A(a'')}{a''},$$

经过映射 f 后

$$f(A) = B = \frac{\mu_B(b)}{b} + \frac{\mu_B(b')}{b'},$$

其中 a 经 f 后对应 b, a' 和 a'' 经 f 后对应 b',则有

$$\mu_B(b) = \mu_A(a), \quad \mu_B(b') = \mu_A(a') \vee \mu_A(a'').$$

分解定理和扩张原理是模糊数学很重要的理论基础.

例 2　设 $X = \{0, 1, 2, 3, \cdots, 9\}$,并令 f 是平方运算,令{小的}是 X 上的一个模糊集,其定义为

$$\{小的\} = \frac{1}{0} + \frac{1}{1} + \frac{0.7}{2} + \frac{0.5}{3} + \frac{0.2}{4}.$$

因 f 是平方运算,即 $f(x) = x^2$,则有

$$f\{小的\} = \frac{1}{0^2} + \frac{1}{1^2} + \frac{0.7}{2^2} + \frac{0.5}{3^2} + \frac{0.2}{4^2}$$

$$= \frac{1}{0} + \frac{1}{1} + \frac{0.7}{4} + \frac{0.5}{9} + \frac{0.2}{16}.$$

三、模糊数学与经典数学的关系

在模糊数学的理论研究中有两大支柱:一是模糊集合的概念,它是普通集合论的推广,模糊集合将在{0,1}两点上取值的特征函数推广到可在[0,1]闭区间上取任意值的隶属函数,具有深远意义;二是分解定理和扩张原理,即从方法论的角度来看,任何模糊数学的定理都可通过分解定理化为普通集合论的问题来处理,而扩张原理又是把普通集合论的方法扩张到模糊数学中去. 因此我们认为,从概念上来说模糊数学是经典数学的推广和发展,但从

方法上来说模糊数学又是使用传统的普通集合论的方法.可见,模糊数学和经典数学之间有着难解难分的密切关系.因此,决不能把模糊数学和传统数学分割开来,模糊数学与经典数学之间存在着深刻的辩证关系.

传统数学并不是想象的那样"天衣无缝",绝对化的二值逻辑的思想,实质上是扬弃了事物本身的模糊性而抽象出倾向于某一极端的思想,其精确对于某些问题却蕴含着不精确性,因为它所扬弃的恰恰是客观存在的事物的"亦此亦彼"的中介过渡性.而模糊数学的产生,就正好可以用精确的方法去描述模糊现象,将模糊概念数学化.

模糊数学绝不是把数学变成模糊的东西,它同样具有精典数学的特性:条理分明,一丝不苟,即使描述模糊概念(现象),也会描述得清清楚楚.模糊数学将数学的应用范围从精确现象扩展到了模糊现象的领域,它给人们研究事物数学化增添了一种新的思维方法和一个难得的数学工具.比如计算机和人工智能技术,尽管计算机可以完成每秒上亿次的运算,但它却难以完成诸如"把电视图像调得更清晰一些"这一连小孩都能轻易完成的指令.因为何为"清晰",它的外延是一个模糊集,而要使计算机完成这一带有模糊性指令的程序,就必须要用精确的数学表达式去描述模糊现象,去刻画模糊集.诸如此类的应用问题,在信息决策、国民经济各领域内也是很多的.

第五节　模糊聚类分析

客观世界的各事物之间普遍存在着联系,描述事物之间联系的数学模型之一就是关系.关系,是集合论中最基本的概念之一,而作为通常关系的扩张与拓广的模糊关系,在模糊集合论中占有极为重要的地位,具有广泛应用,特别是在模糊聚类分析中具有重要应用.

一、直积、关系、模糊关系

例1 设 $A=\{a,b,c\}$，$B=\{0,1\}$，求由 A,B 两集合中元素之间的任意搭配所产生的新集合.

若按先 A 后 B 的顺序，则新集合为

$$\{(a,0) \quad (a,1) \quad (b,0) \quad (b,1) \quad (c,0) \quad (c,1)\}. \tag{1}$$

若按相反的顺序，则为

$$\{(0,a) \quad (1,a) \quad (0,b) \quad (1,b) \quad (0,c) \quad (1,c)\}. \tag{2}$$

定义1 集合 A 和 B 的**直积**(descartes product)$A\times B$ 规定为序对 (a,b) 的集合：

$$A\times B=\{(a,b)\,|\,a\in A,b\in B\}.$$

又称**笛卡儿乘积**.

在例 1 中(1)为 $A\times B$；(2)为 $B\times A$.

在笛卡儿坐标系中，若以 X 表示横轴，Y 表示纵轴，则 $X\times Y$ $=\{(x,y)\,|\,x\in X,y\in Y\}$ 便表示坐标平面，也就是我们通常说的笛卡儿空间(descarte space).

两个集合的直积可以推广到多个集合上去. 设 $A_1,A_2,\cdots,A_n$ 是 n 个集合，则多个集合的直积定义为

$$A_1\times A_2\times\cdots\times A_n$$
$$=\{(x_1,x_2,\cdots,x_n)\,|\,x_1\in A_1,x_2\in A_2,\cdots,x_n\in A_n\}.$$

例2 设集合

$$A=\{0,1\}, \quad B=\{a,b\}, \quad C=\{*,\times,\triangle\},$$

则 $A\times B\times C$ 就是由 $(0,a,*),(0,a,\times),(0,a,\triangle),\cdots,(1,b,*)$，$(1,b,\times),(1,b,\triangle)$ 等 12 个元素所组成的集合.

笛卡儿乘积是两集合元素之间的一种有序的无约束的搭配. 若给搭配以约束，便体现了一种特殊关系，关系的内容寓于搭配的约束之中. 因此，所谓"关系"，它事实上就是被包含在笛卡儿乘积中的一个子集(通俗地说，就是笛卡儿乘积中的一种有约束的搭配).

定义 2　集合 A,B 的直积 $A \times B$ 的一个子集 R 称为从 A 到 B 的一个二元关系,简称关系,记做

$$A \xrightarrow{R} B.$$

当 $A=B$ 时,R 称为 A 上的关系.

一般地,定义 $A_1 \times A_2 \times \cdots \times A_n$ 的子集为 $A_1,A_2,\cdots,A_n$ 之间的 n 元关系.

用集合表示关系,是现代数学的一个重要思想.

例如:

$$A = \{张三,李四,王五\},$$
$$B = \{优,良,中,差\},$$

$A \times B$ 就是张三、李四、王五这三人在考试中可能出现的情况,它共有 $3 \times 4 = 12$ 种搭配方式. 设在某次考试中,张三得"优",李四、王五得"中",则构成一个从 A 到 B 的关系,亦即

$$R = \{(张三,优),(李四,中),(王五,中)\}.$$

显然 R 是 $A \times B$ 的一个子集.

关系也可用图来表示. 在上例中,若用"1"表示 $(a,b) \in R$,用"0"表示 $(a,b) \overline{\in} R$,如 $(张三,优) \in R$,则记做"1",$(张三,良) \overline{\in} R$ 则记做"0",于是还可列表来表示以上关系:

R	优	良	中	差
张三	1	0	0	0
李四	0	0	1	0
王五	0	0	1	0

将此表格写成矩阵形式便得到"关系矩阵"R 如下:

$$R = \begin{bmatrix} 1 & 0 & 0 & 0 \\ 0 & 0 & 1 & 0 \\ 0 & 0 & 1 & 0 \end{bmatrix}.$$

关系矩阵对应着关系图:若 $(a,b) \in R$,则从 a 到 b 连一条直线,如

图 3-12 所示.

以上关系图也表示从集合 A 到集合 B 的关系.

现在我们把普通集中的关系拓广到模糊集中来.

定义 3 称直积空间 $X \times Y = \{(x, y) \mid x \in X, y \in Y\}$ 上的一个模糊集 $\underset{\sim}{R}$ 为从 X 到 Y 的一个**模糊关系**(fuzzy relation),记做

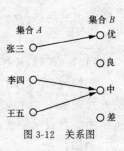

图 3-12 关系图

$$X \xrightarrow{\underset{\sim}{R}} Y.$$

模糊关系 $\underset{\sim}{R}$ 由其隶属函数

$$\mu_{\underset{\sim}{R}}(x, y)\colon X \times Y \longrightarrow [0, 1]$$

所刻画. $\mu_{\underset{\sim}{R}}(x_0, y_0)$ 叫做 (x_0, y_0) 具有关系 $\underset{\sim}{R}$ 的程度.

从 X 到 Y 的二元模糊关系还可列表如下:

$\underset{\sim}{R}$	y_1	y_2	$\cdots$	y_n
x_1	r_{11}	r_{12}	$\cdots$	r_{1n}
x_2	r_{21}	r_{22}	$\cdots$	r_{2n}
$\vdots$	$\vdots$	$\vdots$		$\vdots$
x_m	r_{m1}	r_{m2}	$\cdots$	r_{mn}

其中 (x_i, y_j) 具有关系 $\underset{\sim}{R}$ 的程度 $r_{ij} \in [0, 1]$,$\underset{\sim}{R}$ 可以记为

$$\underset{\sim}{R} = \left\{ \left. \frac{\mu_{\underset{\sim}{R}}(x, y)}{(x, y)} \right|_{x \in X, y \in Y} \right\}.$$

当 $X = Y$ 时,称 X 到 X 的模糊关系为 X 上的(二元)模糊关系.

若论域是 n 个集合的直积空间 $X_1 \times X_2 \times \cdots \times X_n$ 时,模糊关系 $\underset{\sim}{R}$ 是这个空间的模糊集,它的隶属函数 $\mu_{\underset{\sim}{R}}(x_1, x_2, \cdots, x_n)$ 是 n 个变量的多元函数,记为

$$\mu_{\underset{\sim}{R}}(x_1, x_2, \cdots, x_n)\colon X_1 \times X_2 \times \cdots \times X_n \longrightarrow [0, 1].$$

例 3 某中学对 1238 名学生就身高论域 $X = \{140, 150, 160,$

$170, 180\}$（单位：cm），体重论域 $Y = \{40, 50, 60, 70, 80\}$（单位：kg)的统计如下表：

R	40	50	60	70	80	合计
140	20	16	4	2	0	42
150	80	100	80	20	10	290
160	30	120	150	120	30	450
170	15	30	120	150	120	435
180	0	1	2	8	10	21
合计	145	267	356	300	170	1238

　　表中第二行身高 140 cm 的学生中 40 kg 的人数最多,将它的权数定为 1,其余依比例定为 0.8,0.2,0.1 和 0;同样第三行身高 150 cm 的学生中 50 kg 的人数最多,将它的权数定为 1,于是第三行的加权数是 0.8,1,0.8,0.2,0.1;第四行是 0.2,0.8,1,0.8,0.2;第五行是 0.1,0.2,0.8,1,0.8;第六行是 0,0.1,0.2,0.8,1.这样上表所示 $X \rightarrow Y$ 的关系可改写成下表：

R	40	50	60	70	80
140	1	0.8	0.2	0.1	0
150	0.8	1	0.8	0.2	0.1
160	0.2	0.8	1	0.8	0.2
170	0.1	0.2	0.8	1	0.8
180	0	0.1	0.2	0.8	1

以上给出了身高-体重的模糊关系 R.

　　本例提供了将统计数据改造成为隶属度并构造模糊关系的方法.

二、模糊矩阵

1. 模糊矩阵和关系图

　　设 $X = \{x_1, x_2, \cdots, x_n\}$，$X$ 上的模糊集

$$\underset{\sim}{A} = \frac{a_1}{x_1} + \frac{a_2}{x_2} + \cdots + \frac{a_n}{x_n}, \quad a_i = \mu_{\underset{\sim}{A}}(x_i),$$

称 $\underset{\sim}{A}$ 为 n 维**模糊向量**(fuzzy vector),记为

$$\underset{\sim}{A} = (a_1, a_2, \cdots, a_n),$$

它的 n 个分量 $a_1, a_2, \cdots, a_n \in [0,1]$.

模糊向量可以看成一元模糊集的另一种表达形式. 模糊向量与普通向量的区别在于前者的诸分量 $a_i \in [0,1]$. 如果分量仅取 0,1 二值,即 $a_i \in \{0,1\}$,则称为**布尔向量**(boole vector).

二元模糊关系可以用模糊矩阵来表示,和普通矩阵一样,$m \times n$ **模糊矩阵**可以看成是 m 个模糊向量组成,它的元素

$$r_{ij} = \mu_{\underset{\sim}{R}}(x_i, y_i): \quad X \times Y \longrightarrow [0,1].$$

当 $r_{ij} = 0$ 或 1 时,称为**布尔矩阵**. 布尔矩阵可以表达普通的关系.

例 3 中的模糊关系可用模糊矩阵表示如下:

$$\begin{bmatrix} 1 & 0.8 & 0.2 & 0.1 & 0 \\ 0.8 & 1 & 0.8 & 0.2 & 0.1 \\ 0.2 & 0.8 & 1 & 0.8 & 0.2 \\ 0.1 & 0.2 & 0.8 & 1 & 0.8 \\ 0 & 0.1 & 0.2 & 0.8 & 1 \end{bmatrix}.$$

模糊矩阵是研究模糊关系及其性质的重要工具,后面我们将作比较详细的讨论.

下面我们再看一个可以用模糊矩阵和关系图表示的模糊关系的例子.

例 4 设有一组同学为 X:

$$X = \{张三, 李四, 王五\},$$

他们可以选学英语、法语、德语、日语四种外语中的任意几门. 令 Y 表示这四门外语课所组成的集合:

$$Y = \{英语, 法语, 德语, 日语\}.$$

设他们的结业成绩如下:

姓名	语种	成绩
张三	英语	86
张三	法语	84
李四	德语	96
王五	日语	66
王五	英语	78

若用考分来描述掌握的程度,则把他们的成绩都除以 100 而折合成隶属度,由上表可以构造出一个模糊矩阵 $\underset{\sim}{R}$,用它来表示"掌握"的模糊关系 $\underset{\sim}{R}$:

$$\underset{\sim}{R} = \begin{bmatrix} 0.86 & 0.84 & 0 & 0 \\ 0 & 0 & 0.96 & 0 \\ 0.78 & 0 & 0 & 0.66 \end{bmatrix} \begin{matrix} 张三 \\ 李四 \\ 王五 \end{matrix}.$$
英　　法　　德　　日

这个矩阵还可用相应的图来表示,此图称为关系图.例 4 所对应的关系图如图 3-13 所示.

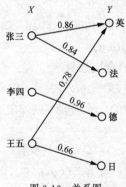

图 3-13　关系图

2. 模糊矩阵的运算

为讨论方便,以下设模糊矩阵 $\underset{\sim}{A}, \underset{\sim}{B}$ 为 n 阶方阵.

设模糊矩阵 $\underset{\sim}{A} = (a_{ij})$, $\underset{\sim}{B} = (b_{ij})$, $a_{ij} \in [0,1]$, $b_{ij} \in [0,1]$ $(i,j = 1,2,\cdots,n)$.

(1) **相等**：若 $a_{ij}=b_{ij}(i,j=1,2,\cdots,n)$，则称 $\underset{\sim}{A}=\underset{\sim}{B}$.

(2) **包含**：若 $a_{ij}\leqslant b_{ij}(i,j=1,2,\cdots,n)$，则称 $\underset{\sim}{A}\subseteq\underset{\sim}{B}$. 例如

$$\begin{bmatrix} 0.4 & 0 \\ 1 & 0.5 \end{bmatrix} \subseteq \begin{bmatrix} 0.5 & 0.1 \\ 1 & 0.7 \end{bmatrix}.$$

(3) **并**：设 $c_{ij}=a_{ij}\vee b_{ij}(i,j=1,2,\cdots,n)$，称 $\underset{\sim}{C}=(c_{ij})$ 为 $\underset{\sim}{A},\underset{\sim}{B}$ 的并，记为 $\underset{\sim}{C}=\underset{\sim}{A}\bigcup\underset{\sim}{B}$.

(4) **交**：设 $c_{ij}=a_{ij}\wedge b_{ij}(i,j=1,2,\cdots,n)$，称 $\underset{\sim}{C}=(c_{ij})$ 为 $\underset{\sim}{A},\underset{\sim}{B}$ 的交，记为 $\underset{\sim}{C}=\underset{\sim}{A}\bigcap\underset{\sim}{B}$.

(5) **补（余）**：称 $\overline{\underset{\sim}{A}}=(1-a_{ij})$ 为 $\underset{\sim}{A}$ 的补矩阵.

例 5　设模糊矩阵 $\underset{\sim}{A}=\begin{bmatrix} 0.5 & 0.3 \\ 0.4 & 0.8 \end{bmatrix}$，$\underset{\sim}{B}=\begin{bmatrix} 0.8 & 0.5 \\ 0.3 & 0.7 \end{bmatrix}$，则

$$\underset{\sim}{A}\bigcup\underset{\sim}{B}=\begin{bmatrix} 0.5\vee 0.8 & 0.3\vee 0.5 \\ 0.4\vee 0.3 & 0.8\vee 0.7 \end{bmatrix}=\begin{bmatrix} 0.8 & 0.5 \\ 0.4 & 0.8 \end{bmatrix},$$

$$\underset{\sim}{A}\bigcap\underset{\sim}{B}=\begin{bmatrix} 0.5\wedge 0.8 & 0.3\wedge 0.5 \\ 0.4\wedge 0.3 & 0.8\wedge 0.7 \end{bmatrix}=\begin{bmatrix} 0.5 & 0.3 \\ 0.3 & 0.7 \end{bmatrix},$$

$$\overline{\underset{\sim}{A}}=\begin{bmatrix} 1-0.5 & 1-0.3 \\ 1-0.4 & 1-0.8 \end{bmatrix}=\begin{bmatrix} 0.5 & 0.7 \\ 0.6 & 0.2 \end{bmatrix}.$$

(6) **合成**(composition)：

先介绍普通关系的合成运算.

设 U 是某一人群, 弟兄(R), 父子(S)是 U 中的两个普通关系, 叔侄(Q)也是 U 中的一个普通关系, 在这三个关系之间, 有这样的联系：

x 是 z 的叔叔$((x,z)\in Q)\Longleftrightarrow$至少有一个 y, 使 y 是 x 的哥哥 $((x,y)\in R)$ 而且 y 是 z 的父亲($(y,z)\in S$).

我们称叔侄关系是弟兄关系与父子关系的合成, 记做

$$叔侄＝弟兄 \circ 父子.$$

一般地, 设给定集合 X,Y, 并设 R 是 $X\times Y$ 上的普通关系, 亦即 $X\times Y$ 的一个子集, 再设另有集合 Z, S 是 $Y\times Z$ 上的普通关系, 则 R 和 S 的合成关系 Q：

$$Q = R \circ S$$

就是由 X(经 Y)到 Z 的一个关系. 例如:

$$X = \{x_1, x_2, x_3, x_4\},$$
$$Y = \{y_1, y_2\},$$
$$Z = \{z_1, z_2, z_3\},$$
$$R = \{(x_1, y_1), (x_2, y_1), (x_2, y_2), (x_4, y_2)\},$$
$$S = \{(y_1, z_1), (y_1, z_2), (y_2, z_2), (y_2, z_3)\},$$

则可画图表示合成关系 $Q = R \circ S$, 它就是在图 3-14 中能够连接

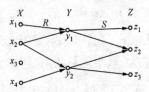

图 3-14 合成关系 $Q = R \circ S$

起来的从 X 到 Z 的点. 因此

$$Q = \{(x_1, z_1), (x_1, z_2), (x_2, z_1), (x_2, z_2),$$
$$(x_2, z_3), (x_4, z_2), (x_4, z_3)\}.$$

关系 R, S, Q 分别对应着普通关系矩阵, 亦即布尔矩阵:

$$R = \begin{array}{c} x_1 \\ x_2 \\ x_3 \\ x_4 \end{array} \begin{array}{cc} y_1 & y_2 \\ \begin{bmatrix} 1 & 0 \\ 1 & 1 \\ 0 & 0 \\ 0 & 1 \end{bmatrix} \end{array}, \quad S = \begin{array}{c} y_1 \\ y_2 \end{array} \begin{array}{ccc} z_1 & z_2 & z_3 \\ \begin{bmatrix} 1 & 1 & 0 \\ 0 & 1 & 1 \end{bmatrix} \end{array},$$

$$Q = \begin{array}{c} x_1 \\ x_2 \\ x_3 \\ x_4 \end{array} \begin{array}{ccc} z_1 & z_2 & z_3 \\ \begin{bmatrix} 1 & 1 & 0 \\ 1 & 1 & 1 \\ 0 & 0 & 0 \\ 0 & 1 & 1 \end{bmatrix} \end{array},$$

而 $Q = R \circ S$, 此处 "$\circ$" 表示合成运算. 回忆线性代数中的普通矩

阵的乘法,设 A,B 分别为矩阵:

$$A = (a_{ij})_{m \times n}, \quad B = (b_{ij})_{n \times p}.$$

因 A 的列数 n 等于 B 的行数 n,故可相乘,设

$$C = A \cdot B = (c_{ij})_{m \times p},$$

其中 $c_{ij} = \sum\limits_{k=1}^{n} a_{ik} b_{kj}$ $(i=1,2,\cdots,m;j=1,2,\cdots,p)$.

现在只需把上式中的普通乘法换为最小运算"$\wedge$",把普通加法 $\sum$ 换为最大运算"$\vee$"即可得:

$$c_{ij} = \bigvee_{k=1}^{n} (a_{ik} \wedge b_{kj}) \quad (i=1,2,\cdots,m;j=1,2,\cdots,p).$$

对于前例,可把 a_{ij} 代以 r_{ij},b_{ij} 代以 s_{ij},c_{ij} 代以 q_{ij},同时注意到 $m=4,n=2,p=3$,并按最大、最小运算法则,亦即

$$q_{ij} = \bigvee_{k=1}^{2} (r_{ik} \wedge s_{kj}) \quad (i=1,2,3,4;j=1,2,3),$$

即得 $Q=R \circ S$ 这个合成关系所对应的矩阵运算为

$$\begin{bmatrix} 1 & 0 \\ 1 & 1 \\ 0 & 0 \\ 0 & 1 \end{bmatrix} \circ \begin{bmatrix} 1 & 1 & 0 \\ 0 & 1 & 1 \end{bmatrix} = \begin{bmatrix} 1 & 1 & 0 \\ 1 & 1 & 1 \\ 0 & 0 & 0 \\ 0 & 1 & 1 \end{bmatrix}.$$

由此,可以给出模糊关系合成的定义:

定义 4 设矩阵 $\underset{\sim}{A}=(a_{ij})_{m \times n}$ 表示 X 到 Y 的模糊关系,矩阵 $\underset{\sim}{B}=(b_{ij})_{n \times p}$ 表示 Y 到 Z 的模糊关系,则 $\underset{\sim}{A}$ 与 $\underset{\sim}{B}$ 的合成

$$\underset{\sim}{C} = \underset{\sim}{A} \circ \underset{\sim}{B}$$

定义为 X 到 Z 的模糊关系,其隶属函数为

$$\mu_{\underset{\sim}{C}}(x,z) = \mu_{\underset{\sim}{A} \cdot \underset{\sim}{B}}(x,z)$$

$$= \sup_{y \in Y} \{ \min \{ \mu_{\underset{\sim}{A}}(x,y), \mu_{\underset{\sim}{B}}(y,z) \} \}$$

或 $\quad c_{ij} = \bigvee\limits_{k=1}^{n} (a_{ik} \wedge b_{kj})$ $(i=1,2,\cdots,m;j=1,2,\cdots,p)$,

其中 x,y,z 分别表示论域 X,Y,Z 中的元素,$\sup\limits_{y \in Y}$ 表示对所有的

$y \in Y$ 取最小上界. $\underset{\sim}{C}$ 叫做矩阵 $\underset{\sim}{A}$ 与 $\underset{\sim}{B}$ 的**合成**,也称为 $\underset{\sim}{A}$ 与 $\underset{\sim}{B}$ 的**模糊乘积**.

例 6 设模糊矩阵

$$\underset{\sim}{A} = \begin{bmatrix} 0.3 & 0.7 & 0.2 \\ 1 & 0 & 0.4 \\ 0 & 0.5 & 1 \\ 0.6 & 0.7 & 0.8 \end{bmatrix}_{4 \times 3}, \quad \underset{\sim}{B} = \begin{bmatrix} 0.1 & 0.9 \\ 0.9 & 0.1 \\ 0.6 & 0.4 \end{bmatrix}_{3 \times 2},$$

则

$$\underset{\sim}{A} \circ \underset{\sim}{B} = \underset{\sim}{C} = \begin{bmatrix} 0.7 & 0.3 \\ 0.4 & 0.9 \\ 0.6 & 0.4 \\ 0.7 & 0.6 \end{bmatrix}_{4 \times 2},$$

其中

$$\begin{aligned} c_{11} &= (a_{11} \wedge b_{11}) \vee (a_{12} \wedge b_{21}) \vee (a_{13} \wedge b_{31}) \\ &= (0.3 \wedge 0.1) \vee (0.7 \wedge 0.9) \vee (0.2 \wedge 0.6) \\ &= 0.1 \vee 0.7 \vee 0.2 = 0.7, \end{aligned}$$

如此等等.

可见模糊矩阵的乘法与普通矩阵的乘法相比较,运算过程一样,只不过是将实数加法改成 $\vee$(逻辑加),将实数乘法改成 $\wedge$(逻辑乘)罢了:

$$+ \longrightarrow \vee \ (\max),$$

$$\cdot \longrightarrow \wedge \ (\min).$$

当然,模糊矩阵的乘法除了用"$\vee$"和"$\wedge$"这种算子进行运算外,还可以普通的加、乘运算为基础,使用"有界和与普通实数乘法"算子,将矩阵 $\underset{\sim}{A}$ 与 $\underset{\sim}{B}$ 的合成矩阵 $\underset{\sim}{C}$ 中元素 c_{ij} 的计算

$$c_{ij} = \bigvee_{k=1}^{n} (a_{ik} \wedge b_{kj}) \quad (i = 1, 2, \cdots, m; j = 1, 2, \cdots, p)$$

换成

$$c_{ij} = \sum_{k=1}^{n} a_{ik} \cdot b_{kj} \quad (i = 1, 2, \cdots, m; j = 1, 2, \cdots, p).$$

如例 6 中，使用"有界和与普通实数乘法"算子可以得到

$$A \circ B = C = \begin{bmatrix} 0.78 & 0.42 \\ 0.34 & 1.06 \\ 1.05 & 0.45 \\ 1.17 & 0.93 \end{bmatrix},$$

其中 $c_{11} = 0.3 \times 0.1 + 0.7 \times 0.9 + 0.2 \times 0.6 = 0.78$，等等.

例 7 设模糊矩阵 $A = \begin{bmatrix} 0.8 & 0.7 \\ 0.5 & 0.3 \end{bmatrix}, B = \begin{bmatrix} 0.2 & 0.4 \\ 0.6 & 0.9 \end{bmatrix}$，则

$$A \circ B = \begin{bmatrix} (0.8 \wedge 0.2) \vee (0.7 \wedge 0.6) & (0.8 \wedge 0.4) \vee (0.7 \wedge 0.9) \\ (0.5 \wedge 0.2) \vee (0.3 \wedge 0.6) & (0.5 \wedge 0.4) \vee (0.3 \wedge 0.9) \end{bmatrix}$$

$$= \begin{bmatrix} 0.2 \vee 0.6 & 0.4 \vee 0.7 \\ 0.2 \vee 0.3 & 0.4 \vee 0.3 \end{bmatrix} = \begin{bmatrix} 0.6 & 0.7 \\ 0.3 & 0.4 \end{bmatrix}.$$

仿此可求得

$$B \circ A = \begin{bmatrix} 0.2 \vee 0.4 & 0.2 \vee 0.3 \\ 0.6 \vee 0.5 & 0.6 \vee 0.3 \end{bmatrix} = \begin{bmatrix} 0.4 & 0.3 \\ 0.6 & 0.6 \end{bmatrix}.$$

可见模糊矩阵的合成不满足交换律，即

$$A \circ B \neq B \circ A.$$

可以证明，它满足结合律，即

$$(A \circ B) \circ C = A \circ (B \circ C);$$

满足对并的分配律，即

$$(A \cup B) \circ C = (A \circ C) \cup (B \circ C),$$

$$C \circ (A \cup B) = (C \circ A) \cup (C \circ B).$$

但不满足对交的分配律，即

$$(A \cap B) \circ C \neq (A \circ C) \cap (B \circ C),$$

$$C \circ (A \cap B) \neq (C \circ A) \cap (C \circ B).$$

例 8 设某家庭中子女与父母外貌的相似关系为一模糊关系：

R	父	母
子	0.8	0.5
女	0.2	0.6

用矩阵表示即为 $R = \begin{bmatrix} 0.8 & 0.5 \\ 0.2 & 0.6 \end{bmatrix}$.

父母与祖父母的外貌相似关系为另一模糊关系:

S	祖父	祖母
父	0.7	0.5
母	0.1	0

用矩阵表示即为 $S = \begin{bmatrix} 0.7 & 0.5 \\ 0.1 & 0 \end{bmatrix}$.

两模糊关系的合成:

$$R \circ S = \begin{bmatrix} 0.8 & 0.5 \\ 0.2 & 0.6 \end{bmatrix} \circ \begin{bmatrix} 0.7 & 0.5 \\ 0.1 & 0 \end{bmatrix} = \begin{bmatrix} 0.7 & 0.5 \\ 0.2 & 0.2 \end{bmatrix},$$

即其模糊关系为:

$R \circ S$	祖父	祖母
子	0.7	0.5
女	0.2	0.2

也就是说,在该家庭中孙子与祖父、祖母的相似程度分别为 0.7, 0.5;而孙女与祖父、祖母的相似程度只有 0.2. 以上说明,祖父母与其孙颇为相像,而与孙女则不很像.

此例给我们提供了模糊矩阵相乘时先取小后取大的一个现实范例.

(7) **转置**(transpose):

设模糊矩阵 $A = (a_{ij})$,称 (a_{ji}) 为 A 的转置矩阵,记为

$$A^{\mathrm{T}} = (a_{ji}).$$

例如

$$\underset{\sim}{A} = \begin{bmatrix} 0.1 & 0.5 \\ 0.3 & 0.7 \end{bmatrix}, \quad \underset{\sim}{A}^{\mathrm{T}} = \begin{bmatrix} 0.1 & 0.3 \\ 0.5 & 0.7 \end{bmatrix}.$$

模糊矩阵的转置,具有以下性质:

1° $(\underset{\sim}{A} \cup \underset{\sim}{B})^{\mathrm{T}} = \underset{\sim}{A}^{\mathrm{T}} \cup \underset{\sim}{B}^{\mathrm{T}}$;

2° $(\underset{\sim}{A} \cap \underset{\sim}{B})^{\mathrm{T}} = \underset{\sim}{A}^{\mathrm{T}} \cap \underset{\sim}{B}^{\mathrm{T}}$;

3° $(\underset{\sim}{A} \circ \underset{\sim}{B})^{\mathrm{T}} = \underset{\sim}{B}^{\mathrm{T}} \circ \underset{\sim}{A}^{\mathrm{T}}$;

4° $(\underset{\sim}{A}^{\mathrm{T}})^{\mathrm{T}} = \underset{\sim}{A}$;

5° $(\overline{\underset{\sim}{A}^{\mathrm{T}}}) = (\overline{\underset{\sim}{A}})^{\mathrm{T}}$;

6° 若 $\underset{\sim}{A} \subseteq \underset{\sim}{B}$,则 $\underset{\sim}{A}^{\mathrm{T}} \subseteq \underset{\sim}{B}^{\mathrm{T}}$.

这里省略它们的证明,而用下例加以说明.

例9 设模糊矩阵 $\underset{\sim}{A} = \begin{bmatrix} 0.1 & 0.5 \\ 0.3 & 0.7 \end{bmatrix}, \underset{\sim}{B} = \begin{bmatrix} 0.1 & 0.6 \\ 0.5 & 1 \end{bmatrix}$,则

$$\underset{\sim}{A} \cup \underset{\sim}{B} = \begin{bmatrix} 0.1 & 0.6 \\ 0.5 & 1 \end{bmatrix}, \qquad \underset{\sim}{A} \cap \underset{\sim}{B} = \begin{bmatrix} 0.1 & 0.5 \\ 0.3 & 0.7 \end{bmatrix},$$

$$\underset{\sim}{A}^{\mathrm{T}} = \begin{bmatrix} 0.1 & 0.3 \\ 0.5 & 0.7 \end{bmatrix}, \qquad \underset{\sim}{B}^{\mathrm{T}} = \begin{bmatrix} 0.1 & 0.5 \\ 0.6 & 1 \end{bmatrix},$$

$$(\underset{\sim}{A} \cup \underset{\sim}{B})^{\mathrm{T}} = \begin{bmatrix} 0.1 & 0.5 \\ 0.6 & 1 \end{bmatrix}, \quad \underset{\sim}{A}^{\mathrm{T}} \cup \underset{\sim}{B}^{\mathrm{T}} = \begin{bmatrix} 0.1 & 0.5 \\ 0.6 & 1 \end{bmatrix},$$

$$(\underset{\sim}{A} \cap \underset{\sim}{B})^{\mathrm{T}} = \begin{bmatrix} 0.1 & 0.3 \\ 0.5 & 0.7 \end{bmatrix}, \quad \underset{\sim}{A}^{\mathrm{T}} \cap \underset{\sim}{B}^{\mathrm{T}} = \begin{bmatrix} 0.1 & 0.3 \\ 0.5 & 0.7 \end{bmatrix},$$

$$\overline{\underset{\sim}{A}} = \begin{bmatrix} 0.9 & 0.5 \\ 0.7 & 0.3 \end{bmatrix}, \qquad (\overline{\underset{\sim}{A}})^{\mathrm{T}} = \begin{bmatrix} 0.9 & 0.7 \\ 0.5 & 0.3 \end{bmatrix},$$

$$\overline{\underset{\sim}{A}^{\mathrm{T}}} = \begin{bmatrix} 0.9 & 0.7 \\ 0.5 & 0.3 \end{bmatrix}, \qquad \underset{\sim}{A} \circ \underset{\sim}{B} = \begin{bmatrix} 0.5 & 0.5 \\ 0.5 & 0.7 \end{bmatrix},$$

$$(\underset{\sim}{A} \circ \underset{\sim}{B})^{\mathrm{T}} = \begin{bmatrix} 0.5 & 0.5 \\ 0.5 & 0.7 \end{bmatrix}, \quad \underset{\sim}{B}^{\mathrm{T}} \circ \underset{\sim}{A}^{\mathrm{T}} = \begin{bmatrix} 0.5 & 0.5 \\ 0.5 & 0.7 \end{bmatrix}.$$

(8) **模糊矩阵的幂**:

$$\underset{\sim}{A}^2 \triangleq \underset{\sim}{A} \circ \underset{\sim}{A}, \quad \underset{\sim}{A}^3 \triangleq \underset{\sim}{A}^2 \circ \underset{\sim}{A}, \quad \cdots, \quad \underset{\sim}{A}^n \triangleq \underset{\sim}{A}^{n-1} \circ \underset{\sim}{A}.$$

显然指数法则成立,即 m, n 为正整数时有

$$A^m \circ A^n = A^{m+n}.$$

注意：模糊矩阵的运算不满足互补律. 例如：

$$A = \begin{bmatrix} 0.8 & 0.5 \\ 0.2 & 0.7 \end{bmatrix}, \quad \overline{A} = \begin{bmatrix} 0.2 & 0.5 \\ 0.8 & 0.3 \end{bmatrix};$$

$$A \cup \overline{A} = \begin{bmatrix} 0.8 & 0.5 \\ 0.8 & 0.7 \end{bmatrix}, \text{ 而不是} \begin{bmatrix} 1 & 1 \\ 1 & 1 \end{bmatrix};$$

$$A \cap \overline{A} = \begin{bmatrix} 0.2 & 0.5 \\ 0.2 & 0.3 \end{bmatrix}, \text{ 而不是} \begin{bmatrix} 0 & 0 \\ 0 & 0 \end{bmatrix}.$$

在模糊矩阵中称

$$O = \begin{bmatrix} 0 & 0 & \cdots & 0 \\ 0 & 0 & \cdots & 0 \\ \vdots & \vdots & & \vdots \\ 0 & 0 & \cdots & 0 \end{bmatrix}, \quad I = \begin{bmatrix} 1 & 0 & \cdots & 0 \\ 0 & 1 & \cdots & 0 \\ \vdots & \vdots & & \vdots \\ 0 & 0 & \cdots & 1 \end{bmatrix},$$

$$E = \begin{bmatrix} 1 & 1 & \cdots & 1 \\ 1 & 1 & \cdots & 1 \\ \vdots & \vdots & & \vdots \\ 1 & 1 & \cdots & 1 \end{bmatrix}$$

分别为**零矩阵**、**么矩阵**、**全矩阵**. 显然

$$O \cup A = A, \quad O \cap A = O;$$
$$E \cup A = E, \quad E \cap A = A;$$
$$A \cup \overline{A} \neq E, \quad A \cap \overline{A} \neq O.$$

三、λ 截矩阵

λ 截矩阵的概念是 λ 截集的概念在模糊矩阵中的拓广.

定义 5 设给定模糊矩阵 $R = (r_{ij})$，$r_{ij} \in [0,1]$，对任意 $\lambda \in [0,1]$，记

$$R_\lambda = (\lambda r_{ij}),$$

其中

$$\lambda r_{ij} = \begin{cases} 1, & r_{ij} \geqslant \lambda, \\ 0, & r_{ij} < \lambda, \end{cases}$$

则称 $R_\lambda = (\lambda r_{ij})$ 为 R 的 λ **截矩阵**, 其对应关系叫做 R 的**截关系**, 并称 λ 为置信水平. 显然 R_λ 是布尔矩阵.

注意: λr_{ij} 已如上述定义, 并不是 λ 乘 r_{ij}. 例如, 设

$$R = \begin{bmatrix} 0.9 & 0.3 & 0.6 \\ 0.4 & 0.7 & 0.1 \\ 0.5 & 0.8 & 1 \end{bmatrix},$$

取 $\lambda = 0.7$, 则 R 中的元素凡 $r_{ij} \geqslant 0.7$ 时取值为 1, 否则为 0, 即

$$R_{0.7} = \begin{bmatrix} 1 & 0 & 0 \\ 0 & 1 & 0 \\ 0 & 1 & 1 \end{bmatrix}.$$

降低置信水平, 取 $\lambda = 0.5$, 则

$$R_{0.5} = \begin{bmatrix} 1 & 0 & 1 \\ 0 & 1 & 0 \\ 1 & 1 & 1 \end{bmatrix},$$

易见: $0.7 > 0.5$, 而 $R_{0.7} \subseteq R_{0.5}$.

λ 截矩阵具有以下**性质**:

1° $A \subseteq B \Longleftrightarrow A_\lambda \subseteq B_\lambda, \lambda \in [0, 1]$;

2° 若 $\lambda_1 > \lambda_2$, 则 $A_{\lambda_1} \subseteq A_{\lambda_2}$;

3° $(A \cup B)_\lambda = A_\lambda \cup B_\lambda, (A \cap B)_\lambda = A_\lambda \cap B_\lambda$.

例如, 设模糊矩阵

$$A = \begin{bmatrix} 0.4 & 0.6 \\ 0.5 & 0.2 \end{bmatrix}, \quad B = \begin{bmatrix} 0.7 & 0.8 \\ 0.6 & 0.3 \end{bmatrix},$$

则 $A \subseteq B$. 取 $\lambda = 0.6$, 有

$$A_{0.6} = \begin{bmatrix} 0 & 1 \\ 0 & 0 \end{bmatrix}, \quad B_{0.6} = \begin{bmatrix} 1 & 1 \\ 1 & 0 \end{bmatrix}.$$

显然 $A_{0.6} \subseteq B_{0.6}$, 符合性质 1°. 又

$$(A \cup B)_{0.6} = \begin{bmatrix} 1 & 1 \\ 1 & 0 \end{bmatrix}, \quad A_{0.6} \cup B_{0.6} = \begin{bmatrix} 1 & 1 \\ 1 & 0 \end{bmatrix}.$$

故符合性质 3° 的第一式.

同理

$$(A \cap B)_{0.6} = \begin{bmatrix} 0 & 1 \\ 0 & 0 \end{bmatrix}, \quad \text{而} \quad A_{0.6} \cap B_{0.6} = \begin{bmatrix} 0 & 1 \\ 0 & 0 \end{bmatrix}.$$

从而符合性质 3° 的第二式.

四、模糊等价矩阵与相似矩阵

定义 6　设 X 上的一个模糊矩阵

$$R = (r_{ij})_n$$

满足：

(1) **自反性**：$r_{ii} = 1 (i = 1, 2, \cdots, n)$，即主对角线上元素都是 1；

(2) **对称性**：$r_{ij} = r_{ji}$，即 R 为对称方阵；

(3) **传递性**：$R \circ R \subseteq R$，即

$$R^2 \subseteq R \quad (\mu_{R^2} \leqslant \mu_R).$$

以上传递关系是指：R 包含它与它自身的合成. 则称 R 是 X 上的一个**模糊等价矩阵**(fuzzy equivalent matrix).

满足自反性和对称性而不满足传递性的模糊矩阵称为**模糊相似矩阵**(fuzzy similar matrix).

模糊相似矩阵是模糊数学中最常遇见的.

例 10　验证 $R = \begin{bmatrix} 1 & 0 & 0 \\ 0 & 1 & 0.5 \\ 0 & 0.5 & 1 \end{bmatrix}$ 为模糊等价矩阵.

解　自反性和对称性是显然的. 又

$$R \circ R = \begin{bmatrix} 1 & 0 & 0 \\ 0 & 1 & 0.5 \\ 0 & 0.5 & 1 \end{bmatrix} = R,$$

故 R 是模糊等价矩阵.

例 11 验证

$$R = \begin{bmatrix} 1 & 0.1 & 0.8 & 0.2 & 0.3 \\ 0.1 & 1 & 0 & 0.3 & 1 \\ 0.8 & 0 & 1 & 0.7 & 0 \\ 0.2 & 0.3 & 0.7 & 1 & 0.6 \\ 0.3 & 1 & 0 & 0.6 & 1 \end{bmatrix}$$

为模糊相似矩阵.

解 $r_{ii} = 1, r_{ij} = r_{ji}$,满足自反性与对称性. 但

$$R \circ R = \begin{bmatrix} 1 & 0.3 & 0.8 & 0.7 & 0.3 \\ 0.3 & 1 & 0.3 & 0.6 & 1 \\ 0.8 & 0.3 & 1 & 0.7 & 0.6 \\ 0.7 & 0.6 & 0.7 & 1 & 0.6 \\ 0.3 & 1 & 0.6 & 0.6 & 1 \end{bmatrix} \supseteq R,$$

不满足传递性,故 R 为模糊相似矩阵.

五、模糊聚类分析

对事物按一定要求进行分类的数学方法,称为**聚类分析**. 它原是数理统计中多元分析的方法之一,有广泛的实际应用.

由于事物本身在很多情况下都带有模糊性,因此将模糊数学方法引入聚类分析,就能使分类更切合实际.

模糊聚类分析(fuzzy cluster analysis)在气象、地质、林业、农业、生物、经济、人文及社会等科学中有着广泛的应用. 人们在实践中总结了多种模糊聚类分析方法,但大致可分为两类:一是**系统聚类分析法**,这种方法是模糊关系理论的一种应用. 另一种是**非系统聚类分析法**,它是先把样品粗略地分类一下,然后按其最优原理进行分类,经过多次迭代直到分类比较合理为止,这种方法又称为**逐步聚类分析法**. 本节着重介绍系统聚类分析法.

1. λ 截矩阵法

普通等价关系(即同时具备自反、对称、传递三性的关系)决定

94

一个分类,彼此等价的元素同属于一类.

例如,"同年龄"是人群中的一个等价关系.按照年龄便可将人群分类.

"直系亲属"不是人群中的等价关系,因为它不满足传递性.岳父与妻子是直系亲属,妻子与丈夫是直系亲属,但岳父与女婿不是直系亲属.按直系亲属无法将人群分类.

所谓某一集合的一个分类是指,将集合按一定要求分成若干子集 $A_1,A_2,\cdots,A_n$,必须满足两条:

(1) 所分成的各子集要各不相同,即

$$A_i \bigcap A_j = \varnothing \quad (i \neq j; \ i,j = 1,2,\cdots,n);$$

(2) 各子集的总和就是原集合,即

$$\bigcup_{i=1,2,\cdots,n} A_i = X.$$

利用等价矩阵可以进行模糊聚类分析,是以下述定理为依据的:

定理 1 模糊矩阵是模糊等价矩阵的充要条件是对于任意的 $\lambda \in [0,1]$,λ 截矩阵 R_λ 均为等价布尔矩阵.(为节省篇幅,略去其数学证明)

据此定理可知,模糊等价关系确定之后,对给定的 $\lambda \in [0,1]$,便可相应的得到一个普通等价关系 R_λ,这也就是说,可以决定一个 λ 水平的分类.

现举例说明这种聚类分析法如下:

例 12 设

$$\underset{\sim}{R} = \begin{bmatrix} 1 & 0 & 0 \\ 0 & 1 & 0.5 \\ 0 & 0.5 & 1 \end{bmatrix}.$$

由于

$$\underset{\sim}{R}^2 = \begin{bmatrix} 1 & 0 & 0 \\ 0 & 1 & 0.5 \\ 0 & 0.5 & 1 \end{bmatrix} = \underset{\sim}{R},$$

故 R 为模糊等价矩阵.

$$R_1 = \begin{bmatrix} 1 & 0 & 0 \\ 0 & 1 & 0 \\ 0 & 0 & 1 \end{bmatrix}, \quad R_1^2 = \begin{bmatrix} 1 & 0 & 0 \\ 0 & 1 & 0 \\ 0 & 0 & 1 \end{bmatrix} = R_1,$$

$$R_{0.5} = \begin{bmatrix} 1 & 0 & 0 \\ 0 & 1 & 1 \\ 0 & 1 & 1 \end{bmatrix}, \quad R_{0.5}^2 = \begin{bmatrix} 1 & 0 & 0 \\ 0 & 1 & 1 \\ 0 & 1 & 1 \end{bmatrix} = R_{0.5},$$

故 R_λ 都是等价布尔矩阵.

R_1 可以看成反映 $X = \{x_1, x_2, x_3\}$ 的如下关系:

R_1	x_1	x_2	x_3
x_1	1	0	0
x_2	0	1	0
x_3	0	0	1

它们只能各成一类,即 $\{x_1\}, \{x_2\}, \{x_3\}$.

$R_{0.5}$ 可以看成另一种关系:

$R_{0.5}$	x_1	x_2	x_3
x_1	1	0	0
x_2	0	1	1
x_3	0	1	1

易见 x_2, x_3 归并成为一类 $\{x_2, x_3\}$, x_1 仍独自成为一类 $\{x_1\}$.

一般来说,每一个 R_λ 描述出一个普通的等价关系,可以将论域中的元素进行归并分类,当 λ 从 1 降至 0 时,由于 R_λ 的不断变化,分类就由细变粗,逐渐归并,形成一个动态的分类图,λ 就是分类的依据,或置信水平.

例 13 设论域

$$X = \{x_1, x_2, x_3, x_4, x_5\},$$

给定模糊关系:

R	x_1	x_2	x_3	x_4	x_5
x_1	1	0.4	0.8	0.5	0.5
x_2	0.4	1	0.4	0.4	0.4
x_3	0.8	0.4	1	0.5	0.5
x_4	0.5	0.4	0.5	1	0.6
x_5	0.5	0.4	0.5	0.6	1

试将 X 进行分类.

解 将给定的模糊关系表写成模糊矩阵:

$$\underset{\sim}{R}=\begin{bmatrix} 1 & 0.4 & 0.8 & 0.5 & 0.5 \\ 0.4 & 1 & 0.4 & 0.4 & 0.4 \\ 0.8 & 0.4 & 1 & 0.5 & 0.5 \\ 0.5 & 0.4 & 0.5 & 1 & 0.6 \\ 0.5 & 0.4 & 0.5 & 0.6 & 1 \end{bmatrix}.$$

易证 R 为模糊等价矩阵.

其自反性和对称性是显然的,且有

$$\underset{\sim}{R}\circ\underset{\sim}{R}=\begin{bmatrix} 1 & 0.4 & 0.8 & 0.5 & 0.5 \\ 0.4 & 1 & 0.4 & 0.4 & 0.4 \\ 0.8 & 0.4 & 1 & 0.5 & 0.5 \\ 0.5 & 0.4 & 0.5 & 1 & 0.6 \\ 0.5 & 0.4 & 0.5 & 0.6 & 1 \end{bmatrix}=\underset{\sim}{R},$$

故 R 为一个模糊等价矩阵.现根据不同的水平 λ 进行分类:

取 $\lambda=1$(凡小于 1 的 $r_{ij}=0$),得

$$R_1=\begin{bmatrix} 1 & 0 & 0 & 0 & 0 \\ 0 & 1 & 0 & 0 & 0 \\ 0 & 0 & 1 & 0 & 0 \\ 0 & 0 & 0 & 1 & 0 \\ 0 & 0 & 0 & 0 & 1 \end{bmatrix},$$

它代表的关系为:

R_1	x_1	x_2	x_3	x_4	x_5
x_1	1	0	0	0	0
x_2	0	1	0	0	0
x_3	0	0	1	0	0
x_4	0	0	0	1	0
x_5	0	0	0	0	1

即 x_i 与其他元素没有关系, $x_i(i=1,2,\cdots,5)$ 自成一类. 故对于 $\lambda=1, X$ 可分为五类：

$$\{x_1\}, \{x_2\}, \{x_3\}, \{x_4\}, \{x_5\}.$$

令 λ 逐渐减小, 取 $\lambda=0.8$ (凡小于 0.8 的 $r_{ij}=0$, 1 至 0.8 的 $r_{ij}=1$), 得

$$R_{0.8} = \begin{bmatrix} 1 & 0 & 1 & 0 & 0 \\ 0 & 1 & 0 & 0 & 0 \\ 1 & 0 & 1 & 0 & 0 \\ 0 & 0 & 0 & 1 & 0 \\ 0 & 0 & 0 & 0 & 1 \end{bmatrix},$$

它代表的关系是：

$R_{0.8}$	x_1	x_2	x_3	x_4	x_5
x_1	1	0	1	0	0
x_2	0	1	0	0	0
x_3	1	0	1	0	0
x_4	0	0	0	1	0
x_5	0	0	0	0	1

关系中第一行与第三行的元素相同, 可归并为一类 $\{x_1,x_3\}$, 故对于 $\lambda=0.8, X$ 可分为四类：

$$\{x_1,x_3\}, \{x_2\}, \{x_4\}, \{x_5\}.$$

取 $\lambda=0.6$, 得

$$R_{0.6} = \begin{bmatrix} 1 & 0 & 1 & 0 & 0 \\ 0 & 1 & 0 & 0 & 0 \\ 1 & 0 & 1 & 0 & 0 \\ 0 & 0 & 0 & 1 & 1 \\ 0 & 0 & 0 & 1 & 1 \end{bmatrix},$$

关系中第一行与第三行相同,第四行与第五行相同,于是对于 $\lambda = 0.6, X$ 可分为三类:

$$\{x_1, x_3\}, \quad \{x_2\}, \quad \{x_4, x_5\}.$$

取 $\lambda = 0.5$,得

$$R_{0.5} = \begin{bmatrix} 1 & 0 & 1 & 1 & 1 \\ 0 & 1 & 0 & 0 & 0 \\ 1 & 0 & 1 & 1 & 1 \\ 1 & 0 & 1 & 1 & 1 \\ 1 & 0 & 1 & 1 & 1 \end{bmatrix},$$

关系中第一、三、四、五行相同,故对于 $\lambda = 0.5, X$ 可分为两类:

$$\{x_1, x_3, x_4, x_5\}, \quad \{x_2\}.$$

取 $\lambda = 0.4$,得全矩阵

$$R_{0.4} = \begin{bmatrix} 1 & 1 & 1 & 1 & 1 \\ 1 & 1 & 1 & 1 & 1 \\ 1 & 1 & 1 & 1 & 1 \\ 1 & 1 & 1 & 1 & 1 \\ 1 & 1 & 1 & 1 & 1 \end{bmatrix} = E,$$

这时 X 归并为一类:

$$\{x_1, x_2, x_3, x_4, x_5\}.$$

综合以上分析结果,可得动态聚类图(图 3-15).从图中可以看出各类归并情况.

上例是一个由模糊等价关系完成一个聚类分析问题的实例.

这种分类的优点是可以按照我们的需要,调整 λ 的值以便得到恰当分类,λ 的取值可视具体实际问题来定.

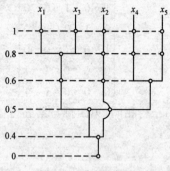

图 3-15　动态聚类图

应用系统聚类分析法对样本进行分类的效果如何,关键在于要把统计指标选择合理.即统计指标应有明确的实际意义,有较强的分辨力和代表性,有一定的普遍意义.

在选定了统计指标之后,进行模糊聚类分析的方法大致可分为以下三步:

第一步,首先要将各分类样本的统计指标的数据作标准化处理(又称正规化),以便于分析和比较.

标准化值可按下式计算:

$$x_i' = \frac{x_i - \bar{x}}{s} \quad (i = 1, 2, \cdots, m; m \text{ 为分类样本的统计指标个数}),$$

式中 x_i 为原始数据;$\bar{x}$ 为原始数据的平均值,可按 $\bar{x} = \frac{1}{m} \sum_{i=1}^{m} x_i$ 计算;s 为原始数据的标准差,可按 $s = \sqrt{\frac{1}{m} \sum_{i=1}^{m} (x_i - \bar{x})^2}$ 计算.

若将标准化数据压缩到闭区间 $[0,1]$,可按下式求得极值标准化值:

$$x_i' = \frac{x_i - x_{\min}}{x_{\max} - x_{\min}} \quad (i = 1, 2, \cdots, m).$$

当 $x_i = x_{\max}$ 时,则 $x_i' = 1$;当 $x_i = x_{\min}$ 时,则 $x_i' = 0$.

第二步,算出衡量被分类样本之间的相似程度的统计量(相似

100

系数)$r_{ij}(i,j=1,2,\cdots,n;n$ 为被分类样本的个数),从而建立起论域 U 上的相似关系 $R=(r_{ij})_n$,这步工作叫做标定.原则上,可以照搬普通聚类分析的相似系数的确定方法.

设 $U=\{u_1,u_2,\cdots,u_n\}$ 为待分类样本的全体,u_i 具有 m 种特性,将其数量化后由一组统计数据 $x_{i1},x_{i2},\cdots,x_{im}$ 来表征,则 U 上的模糊相似矩阵 $R=(r_{ij})_n$ 可由下述各种方法中选择一种来确定.

(1) 数量积法:

$$r_{ij}=\begin{cases} 1, & i=j, \\ \sum\limits_{k=1}^{m}x_{ik}x_{jk}/M, & i\neq j, \end{cases}$$

其中 M 为一适当选择之正数,满足

$$M\geqslant\max_{i\neq j}\Big\{\sum_{k=1}^{m}x_{ik}x_{jk}\Big\}.$$

(2) 夹角余弦法:

$$r_{ij}=\frac{\Big|\sum\limits_{k=1}^{m}x_{ik}x_{jk}\Big|}{\sqrt{\Big(\sum\limits_{k=1}^{m}x_{ik}^2\Big)\Big(\sum\limits_{k=1}^{m}x_{jk}^2\Big)}}.$$

(3) 相关系数法:

$$r_{ij}=\frac{\sum\limits_{k=1}^{m}|x_{ik}-\overline{x}_i|\,|x_{jk}-\overline{x}_j|}{\sqrt{\sum\limits_{k=1}^{m}(x_{ik}-\overline{x}_i)^2}\cdot\sqrt{\sum\limits_{k=1}^{m}(x_{jk}-\overline{x}_j)^2}},$$

其中

$$\overline{x}_i=\frac{1}{m}\sum_{k=1}^{m}x_{ik},\quad \overline{x}_j=\frac{1}{m}\sum_{k=1}^{m}x_{jk}.$$

(4) 指数相似系数法:

$$r_{ij}=\frac{1}{m}\sum_{k=1}^{m}\Big(\mathrm{e}^{-\frac{3}{4}\cdot\frac{(x_{ik}-x_{jk})^2}{s_k^2}}\Big),$$

其中 $s_k = \dfrac{1}{n} \sum\limits_{i=1}^{n} (x_{ik} - \bar{x}_k)^2$，而 $\bar{x}_k = \dfrac{1}{n} \sum\limits_{i=1}^{n} x_{ik} (k=1,2,\cdots,m)$.

(5) 非参数方法：令

$$x'_{ik} = x_{ik} - \bar{x}_i.$$

设 n^+ 为 $\{x'_{i1}x'_{j1}, x'_{i2}x'_{j2}, \cdots, x'_{in}x'_{jn}\}$ 中大于 0 的个数，n^- 为上面那组数中小于 0 的个数，取

$$r_{ij} = \frac{|n^+ - n^-|}{n^+ + n^-}.$$

(6) 最大最小方法：

$$r_{ij} = \frac{\sum\limits_{k=1}^{m} \min\{x_{ik}, x_{jk}\}}{\sum\limits_{k=1}^{m} \max\{x_{ik}, x_{jk}\}}.$$

(7) 算术平均最小方法：

$$r_{ij} = \frac{\sum\limits_{k=1}^{m} \min\{x_{ik}, x_{jk}\}}{\dfrac{1}{2} \sum\limits_{k=1}^{m} (x_{ik} + x_{jk})}.$$

(8) 几何平均最小方法：

$$r_{ij} = \frac{\sum\limits_{k=1}^{m} \min\{x_{ik}, x_{jk}\}}{\sum\limits_{k=1}^{m} \sqrt{x_{ik} x_{jk}}}.$$

(9) 绝对值指数方法：

$$r_{ij} = \mathrm{e}^{-\sum\limits_{k=1}^{m} |x_{ik} - x_{jk}|}.$$

(10) 绝对值倒数方法：

$$r_{ij} = \begin{cases} 1, & i = j, \\ \dfrac{M}{\sum\limits_{k=1}^{m} |x_{ik} - x_{jk}|}, & i \neq j, \end{cases}$$

102

其中 M 适当选取,使 $0 \leqslant r_{ij} \leqslant 1$.

(11) 绝对值减数方法:

$$r_{ij} = \begin{cases} 1, & i = j, \\ 1 - C \sum_{k=1}^{m} |x_{ik} - x_{jk}|, & i \neq j, \end{cases}$$

其中 C 适当选取,使 $0 \leqslant r_{ij} \leqslant 1$.

(12) 主观评定法——打分. 一般可用百分制,然后再除以 100 即得闭区间 $[0,1]$ 上的一个小数. 为避免主观,也可采用多人评分再平均取值的方法来确定 r_{ij}.

上述方法究竟选用哪一种好不能一概而论,应视实际情况来定,这也正是聚类分析方法能否运用成功的首要关键.

第三步,聚类. 用上述方法建立起来的关系,一般说来只满足自反性和对称性,不满足传递性,不是模糊等价关系,需将 R 改造成模糊等价关系 R^*,然后再得到聚类图. 在适当的阈值上进行截取,便可得到所需要的分类.

下面我们进一步讨论如何将模糊相似关系改造成模糊等价关系,然后再进行聚类分析的问题.

2. 模糊相似矩阵的聚类分析

我们知道模糊等价矩阵可以作聚类分析,模糊相似矩阵是否也能聚类呢？这一问题的关键在于能否将模糊相似矩阵改造成模糊等价矩阵.

定理 2 如果给定一个模糊相似矩阵,可以用合成运算寻求模糊等价矩阵 R^*,然后再对 R^* 进行聚类分析.

证 由于 R 是模糊相似矩阵,即 R 是满足自反性和对称性而不满足传递性的模糊矩阵,亦即

$$R \circ R = R^2 \supseteq R.$$

对于 R^2 的元素,有

$$\mu_{R^2} \geqslant \mu_{R}.$$

再进行一次合成,则

$$\underset{\sim}{R} \circ \underset{\sim}{R}^2 = \underset{\sim}{R}^3 \supseteq \underset{\sim}{R},$$

又有

$$\mu_{R^3} \geqslant \mu_{R^2} \geqslant \mu_R.$$

这样继续下去,即有

$$\mu_R \leqslant \mu_{R^2} \leqslant \mu_{R^3} \leqslant \cdots \leqslant 1,$$

这是一个单调上升的序列,有上界 1,必有极限,记为 μ_{R^*},于是

$$\underset{\sim}{R} \subseteq \underset{\sim}{R}^2 \subseteq \underset{\sim}{R}^3 \subseteq \cdots \subseteq \underset{\sim}{R}^*.$$

因为 $\underset{\sim}{R}$ 具有自反性与对称性,对任意的 n,R^n 也有自反性与对称性,显然 $\underset{\sim}{R}^*$ 也有自反性与对称性. 现在证明 $\underset{\sim}{R}^*$ 还有传递性.

事实上,由于 $\underset{\sim}{R}^n$ 单调上升且收敛于 $\underset{\sim}{R}^*$,因此对任意正整数 n 和 m,都有

$$\underset{\sim}{R}^n \circ \underset{\sim}{R}^m \subseteq \underset{\sim}{R}^*.$$

令 $n \rightarrow \infty$,$m \rightarrow \infty$,则有

$$\underset{\sim}{R}^* \circ \underset{\sim}{R}^* = \underset{\sim}{R}^*.$$

即 $\underset{\sim}{R}^*$ 是模糊等价矩阵.

例 14 设有 X 上的模糊关系:

$\underset{\sim}{R}$	x_1	x_2	x_3	x_4	x_5
x_1	1	0.1	0.8	0.2	0.3
x_2	0.1	1	0	0.3	1
x_3	0.8	0	1	0.7	0
x_4	0.2	0.3	0.7	1	0.6
x_5	0.3	1	0	0.6	1

试将 $X = \{x_1, x_2, x_3, x_4, x_5\}$ 进行分类.

解 将模糊关系表写成矩阵形式:

$$\underset{\sim}{R} = \begin{bmatrix} 1 & 0.1 & 0.8 & 0.2 & 0.3 \\ 0.1 & 1 & 0 & 0.3 & 1 \\ 0.8 & 0 & 1 & 0.7 & 0 \\ 0.2 & 0.3 & 0.7 & 1 & 0.6 \\ 0.3 & 1 & 0 & 0.6 & 1 \end{bmatrix}.$$

显然 $\underset{\sim}{R}$ 满足自反性与对称性. 又

$$\underset{\sim}{R}^2 = \underset{\sim}{R} \circ \underset{\sim}{R} = \begin{bmatrix} 1 & 0.3 & 0.8 & 0.7 & 0.3 \\ 0.3 & 1 & 0.3 & 0.6 & 1 \\ 0.8 & 0.3 & 1 & 0.7 & 0.6 \\ 0.7 & 0.6 & 0.7 & 1 & 0.6 \\ 0.3 & 1 & 0.6 & 0.6 & 1 \end{bmatrix},$$

故 $\underset{\sim}{R}$ 不满足传递性,是模糊相似矩阵. 现求 $\underset{\sim}{R}^*$:

$$\underset{\sim}{R}^4 = \underset{\sim}{R}^2 \circ \underset{\sim}{R}^2 = \begin{bmatrix} 1 & 0.6 & 0.8 & 0.7 & 0.6 \\ 0.6 & 1 & 0.6 & 0.6 & 1 \\ 0.8 & 0.6 & 1 & 0.7 & 0.6 \\ 0.7 & 0.6 & 0.7 & 1 & 0.6 \\ 0.6 & 1 & 0.6 & 0.6 & 1 \end{bmatrix} \supseteq \underset{\sim}{R}^2,$$

$$\underset{\sim}{R}^8 = \underset{\sim}{R}^4 \circ \underset{\sim}{R}^4 = \begin{bmatrix} 1 & 0.6 & 0.8 & 0.7 & 0.6 \\ 0.6 & 1 & 0.6 & 0.6 & 1 \\ 0.8 & 0.6 & 1 & 0.7 & 0.6 \\ 0.7 & 0.6 & 0.7 & 1 & 0.6 \\ 0.6 & 1 & 0.6 & 0.6 & 1 \end{bmatrix}$$

$$= \underset{\sim}{R}^4 = \underset{\sim}{R}^*,$$

故可选定 $\underset{\sim}{R}^* = \underset{\sim}{R}^4$ 为模糊等价矩阵,对 X 进行聚类.

取 $\lambda = 1$,

$$R_1 = \begin{bmatrix} 1 & 0 & 0 & 0 & 0 \\ 0 & 1 & 0 & 0 & 1 \\ 0 & 0 & 1 & 0 & 0 \\ 0 & 0 & 0 & 1 & 0 \\ 0 & 1 & 0 & 0 & 1 \end{bmatrix},$$

X 可分为四类:

$$\{x_1\}, \{x_2, x_5\}, \{x_3\}, \{x_4\};$$

取 $\lambda = 0.8$,

$$R_{0.8} = \begin{bmatrix} 1 & 0 & 1 & 0 & 0 \\ 0 & 1 & 0 & 0 & 1 \\ 1 & 0 & 1 & 0 & 0 \\ 0 & 0 & 0 & 1 & 0 \\ 0 & 1 & 0 & 0 & 1 \end{bmatrix},$$

X 可分为三类：

$$\{x_1, x_3\}, \ \{x_2, x_5\}, \ \{x_4\};$$

取 $\lambda = 0.7$,

$$R_{0.7} = \begin{bmatrix} 1 & 0 & 1 & 1 & 0 \\ 0 & 1 & 0 & 0 & 1 \\ 1 & 0 & 1 & 1 & 0 \\ 1 & 0 & 1 & 1 & 0 \\ 0 & 1 & 0 & 0 & 1 \end{bmatrix},$$

X 可分为两类：

$$\{x_1, x_3, x_4\}, \ \{x_2, x_5\}.$$

取 $\lambda = 0.6, R_{0.6} = E, X$ 只有一类：

$$\{x_1, x_2, x_3, x_4, x_5\} = X.$$

综上所述作出的聚类图如图 3-16 所示.

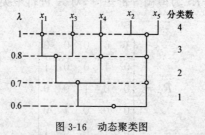

图 3-16　动态聚类图

注意,如果忽略 R 是模糊相似矩阵,而直接对 R 进行分类,将出现如下错误:对 R 取 $\lambda = 1, 0.8$ 得到的分类与前面的结果相同,但取 $\lambda = 0.7$ 时,

$$R'_{0.7} = \begin{bmatrix} 1 & 0 & 1 & 0 & 0 \\ 0 & 1 & 0 & 0 & 1 \\ 1 & 0 & 1 & 1 & 0 \\ 0 & 0 & 1 & 1 & 0 \\ 0 & 1 & 0 & 0 & 1 \end{bmatrix},$$

可分为四类：

$$\{x_1, x_3\}, \ \{x_3, x_4\}, \ \{x_1, x_3, x_4\}, \ \{x_2, x_5\}.$$

这里出现两处错误：

第一，不满足分类的标准：

$$\{x_1, x_3, x_4\} \bigcap \{x_1, x_3\} \neq \varnothing;$$

第二，不满足聚类分析的定理，因为

$$R'^2_{0.7} = \begin{bmatrix} 1 & 0 & 1 & 1 & 0 \\ 0 & 1 & 0 & 0 & 1 \\ 1 & 0 & 1 & 1 & 0 \\ 1 & 0 & 1 & 1 & 0 \\ 0 & 1 & 0 & 0 & 1 \end{bmatrix} \supseteq R'_{0.7}$$

不是模糊等价矩阵.

例 15（环境单元聚类） 设每个环境单元的因素集 V 为

$$\{空气, 水分, 土壤, 作物\},$$

环境单元 U 的污染状况由污染物在四个因素中含量的超限度来描述. 设有五个环境单元，它们的污染数据如下：

U \ V	空气	水分	土壤	作物
I	5	5	3	2
II	2	3	4	5
III	5	5	2	3
IV	1	5	3	1
V	2	4	5	1

取论域 $U = \{I, II, III, IV, V\}$，试将 U 进行聚类分析，看这五个

单元哪些可以聚为一类.

解 原始数据给出的关系构成 5×4 维矩阵 (x_{ij}),根据聚类的条件,所给矩阵至少应是模糊相似方阵.下面介绍用"绝对值减数法"将 $(x_{ij})_{5 \times 4}$ 转化为模糊相似方阵 $\underset{\sim}{R}$.

取因素个数与环境单元数的大者为 $n=5$.

设 $\underset{\sim}{R}=(r_{ij})_5$,令

$$r_{ij}=\begin{cases} 1, & i=j, \\ 1-C\sum_{k=1}^{4}|x_{ik}-x_{jk}|, & i \neq j. \end{cases}$$

这个方法构造的特征是:

(1) $\underset{\sim}{R}=(r_{ij})_5$ 保证 R 是方阵;

(2) $r_{ii}=1$ 保证自反性;

(3) $|x_{ik}-x_{jk}|(i \neq j)$ 保证对称性;

(4) 调整参数 C,使

$$0 \leqslant 1-C\sum_{k=1}^{4}|x_{ik}-x_{jk}| \leqslant 1 \quad (i \neq j),$$

保证 $r_{ij}\in[0,1]$.

现在示范计算 $r_{11},r_{12},r_{13},r_{14},r_{15}$ 如下:取 $C=0.1$,则

$$r_{11}=1,$$
$$r_{12}=1-0.1(3+2+1+3)$$
$$=1-0.9=0.1,$$
$$r_{13}=1-0.1(0+0+1+1)$$
$$=1-0.2=0.8,$$
$$r_{14}=1-0.1(4+0+0+1)$$
$$=1-0.5=0.5,$$
$$r_{15}=1-0.1(3+1+2+1)$$
$$=1-0.7=0.3.$$

仿此可以算出所有 r_{ij} 的值,得

$$\underset{\sim}{R} = \begin{bmatrix} 1 & 0.1 & 0.8 & 0.5 & 0.3 \\ 0.1 & 1 & 0.1 & 0.2 & 0.4 \\ 0.8 & 0.1 & 1 & 0.3 & 0.1 \\ 0.5 & 0.2 & 0.3 & 1 & 0.6 \\ 0.3 & 0.4 & 0.1 & 0.6 & 1 \end{bmatrix}.$$

经检验，R 是模糊相似矩阵，并求得

$$\underset{\sim}{R}^* = \begin{bmatrix} 1 & 0.4 & 0.8 & 0.5 & 0.5 \\ 0.4 & 1 & 0.4 & 0.4 & 0.4 \\ 0.8 & 0.4 & 1 & 0.5 & 0.5 \\ 0.4 & 0.4 & 0.5 & 1 & 0.6 \\ 0.5 & 0.4 & 0.5 & 0.6 & 1 \end{bmatrix}.$$

用 λ 截矩阵法分类如下：

λ	R_λ	分类
0.6	$R_{0.6} = \begin{bmatrix} 1 & 0 & 1 & 0 & 0 \\ 0 & 1 & 0 & 0 & 0 \\ 1 & 0 & 1 & 0 & 0 \\ 0 & 0 & 0 & 1 & 1 \\ 0 & 0 & 0 & 1 & 1 \end{bmatrix}$	$\{\text{I},\text{III}\}$ $\{\text{II}\}$ $\{\text{IV},\text{V}\}$
0.5	$R_{0.5} = \begin{bmatrix} 1 & 0 & 1 & 1 & 1 \\ 0 & 1 & 0 & 0 & 0 \\ 1 & 0 & 1 & 1 & 1 \\ 1 & 0 & 1 & 1 & 1 \\ 1 & 0 & 1 & 1 & 1 \end{bmatrix}$	$\{\text{I},\text{III},\text{IV},\text{V}\}$ $\{\text{II}\}$

以上两种分类，可根据实际情况作出取舍.

一般来说，按照待聚样本的特征建立样本之间的模糊相似关系 $\underset{\sim}{R}$ 以及通过若干次合成运算，将 R 改造成模糊等价关系，这是一项很麻烦的工作，通常都是由电子计算机来完成的. 特别是当样本的数目较大时，用人工计算既费时又易错，而用电子计算机来完成则准确迅速. 例如，有 50 个样本，每个样本有 10 个指标，从开始

109

计算到输出模糊等价矩阵只需要 3 分钟左右,而若用人工计算,3 分钟之内连一个相似系数都计算不出来.

例 16(松毛虫生态地理的模糊聚类) 松毛虫的每一个生境都具有一定的生态条件,它和气候、植被、土壤、地形、天敌等共同构成自然地理景观.

从湖南 38 个县、市的考察资料中抽取 8 个地区的资料作为分类样本,从 28 个因子中选取了 6 个主要因子,现将原始资料列表 3-1 如下:

表 3-1　湖南 8 个地区的生态地理因子值

地区	序号	全年 20℃以上天数	绝对最低温度	绝对最高温度	海拔高度	植被盖度	松毛虫天敌数量级数
		x_1	x_2	x_3	x_4	x_5	x_6
源陵	1	128	-7.9	37.8	350.1	0.84	0.95
龙山	2	125	-5.8	38.5	881.1	0.47	0.12
祁东	3	181	-8.2	38.5	185.6	0.50	0.84
益阳	4	137	-6.8	38.7	432.6	0.87	0.83
常德	5	171	-8.4	41.2	196.8	0.09	0.57
永兴	6	175	-7.5	42.5	164.8	0.08	0.42
茶陵	7	123	-5.5	38.5	793.1	0.58	0.43
安仁	8	138	-6.8	41.0	415.5	0.87	0.79

将原始资料作正规化处理,令

$$x'_{ik} = \frac{x_{ik} - \min_k\{x_{ik}\}}{\max_k\{x_{ik}\} - \min_k\{x_{ik}\}}.$$

计算样本之间的相似系数

$$r_{ij} = \frac{\sum_{k=1}^{6} x'_{ik} x'_{jk}}{\sqrt{\sum_{k=1}^{6} x'^{2}_{ik} \cdot \sum_{k=1}^{6} x'^{2}_{jk}}}$$

110

得模糊相似矩阵(对称)

$$
R=\begin{bmatrix}
1 & 0.49 & 0.55 & 0.94 & 0.41 & 0.32 & 0.65 & 0.84 \\
 & 1 & 0.25 & 0.70 & 0.16 & 0.26 & 0.97 & 0.66 \\
 & & 1 & 0.62 & 0.83 & 0.73 & 0.31 & 0.57 \\
 & & & 1 & 0.50 & 0.49 & 0.81 & 0.96 \\
 & & & & 1 & 0.49 & 0.22 & 0.63 \\
 & & & & & 1 & 0.31 & 0.67 \\
 & & & & & & 1 & 0.78 \\
 & & & & & & & 1
\end{bmatrix}.
$$

经改造后得模糊等价矩阵 R^*(从略),由 R^* 得聚类图(见图 3-17).

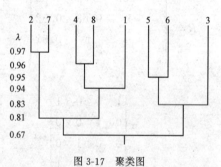

图 3-17 聚类图

取 $\lambda=0.83$,分成三类:{祁东、常德、永兴}(常灾区);{源陵,益阳,安仁}(偶灾区);{龙山,茶陵}(无灾区).

从这三个类型可以看出,松毛虫常灾区分布在海拔 180 m 左右的丘陵地区,这种地区树种单纯,森林覆被率低,气候条件适于松毛虫生长发育与繁殖,加之天敌数量少,故历年松毛虫发生严重.偶灾区分布在海拔 400 m 左右,这类地区树种繁多,森林覆盖率高,天敌十分活跃.无灾区的主要特点是海拔高,形成特有的生态地理景观.以上分析很符合实际.

以上三类地区各因子的平均值作代表,分别记为样本 Ⅰ,Ⅱ,Ⅲ.现将未知类型地区(例如,兰山地区)的生态地理因子值作为样

111

本 Ⅳ,列于表 3-2.

表 3-2 兰山地区的生态地理因子值

因子 样本	x_1	x_2	x_3	x_4	x_5	x_6
Ⅰ	178	-8.03	40.73	1824	0.22	0.44
Ⅱ	134.3	-7.17	39.17	3994	0.84	0.86
Ⅲ	124	-5.65	38.5	8372	0.53	0.28
Ⅳ	179	-7.6	42.9	249.6	0.90	0.31

对 Ⅰ,Ⅱ,Ⅲ,Ⅳ再进行聚类分析.重复上述过程得到模糊等价矩阵

$$\mathop{R}\limits_{\sim} = \begin{bmatrix} 1 & 0.52 & 0.52 & 0.88 \\ & 1 & 0.68 & 0.52 \\ & & 1 & 0.52 \\ & & & 1 \end{bmatrix}.$$

取 $\lambda = 0.88$,有

$$R_{0.88} = \begin{bmatrix} 1 & 0 & 0 & 1 \\ 0 & 1 & 0 & 0 \\ 0 & 0 & 1 & 0 \\ 1 & 0 & 0 & 1 \end{bmatrix}.$$

这说明兰山地区应与祁东、常德、永兴的地理条件同类.故应预报兰山地区为常灾区.

第六节 模糊综合评判决策

模糊综合评判决策在国民经济和工程技术各领域中有着广泛的应用,它是对受多种因素影响的事物作出全面评价的一种十分有效的多因素决策方法,所以模糊综合评判决策又称为模糊综合决策或模糊多元决策.

综合评判涉及以下三个要素:

112

（1）因素集 $X = \{x_1, x_2, \cdots, x_n\}$，$x_i$ 表示某问题需要考虑的因素；

（2）决断集 $Y = \{y_1, y_2, \cdots, y_m\}$，$y_i$ 表示要判断的等级；

（3）单因素决断，它是从 X 到 Y 的一个模糊映射 $\underset{\sim}{R}$，反映如下的模糊关系：

$\underset{\sim}{R}$	y_1	y_2	$\cdots$	y_m
x_1	r_{11}	r_{12}	$\cdots$	r_{1m}
x_2	r_{21}	r_{22}	$\cdots$	r_{2m}
$\vdots$	$\vdots$	$\vdots$		$\vdots$
x_n	r_{n1}	r_{n2}	$\cdots$	r_{nm}

行向量 $(r_{i1}, r_{i2}, \cdots, r_{im})$ 是考虑单因素 x_i 在 Y 上的决断（即评判）。

对产品质量进行综合评价的办法是：任意固定一种因素，进行单因素评价．联合所有的单因素评价得到单因素评价矩阵 $\underset{\sim}{R}$．将 $\underset{\sim}{R}$ 看做是从 U 到 V 的模糊关系和变换，再进行综合评价．

具体说来，设 X 上的模糊集

$$\underset{\sim}{A} = (a_1, a_2, \cdots, a_n),$$

其中 a_i 表示对因素 x_i 在本问题中的加权数，则

$$\underset{\sim}{A} \circ \underset{\sim}{R} = \underset{\sim}{B}$$

称为对各因素的综合评判，且

$$\mu_{\underset{\sim}{B}} = \mu_{\underset{\sim}{A} \cdot \underset{\sim}{R}} = \bigvee_{x \in X} \{\mu_{\underset{\sim}{A}}(x) \wedge \mu_{\underset{\sim}{R}}(x, y)\}.$$

下面通过实例来说明这种方法．

例 1（服装评判）　某服装厂设计一种春秋服，要考虑其花色式样 (x_1)、耐穿程度 (x_2) 和价格贵贱 (x_3) 三种因素 $(n = 3)$；评判分四级 $(m = 4)$：很受欢迎 (y_1)、比较欢迎 (y_2)、一般 (y_3) 和不欢迎 (y_4)．现请一批顾客或专门人员进行单因素评价．

单就花色式样 (x_1) 考虑，设有 20% 的人很欢迎 (y_1)，70% 的人

比较欢迎(y_2),10%的人评价一般(y_3),没有人不欢迎(y_4),从而得到反映花色式样的模糊向量$(0.2,0.7,0.1,0)$,这四个分量之和正好是 1,如果不是 1 则要作归一化处理,使其和为 1.

同样对耐穿程度(x_2)作出评价,得到模糊向量$(0,0.4,0.5,0.1)$;对于价格(x_3)作出评价,得到模糊向量$(0.2,0.3,0.4,0.1)$. 联合以上单因素评价,可得模糊关系:

R	很受欢迎(y_1)	比较欢迎(y_2)	一般(y_3)	不欢迎(y_4)
花样(x_1)	0.2	0.7	0.1	0
耐穿(x_2)	0	0.4	0.5	0.1
价格(x_3)	0.2	0.3	0.4	0.1

模糊关系矩阵为

$$R = \begin{bmatrix} 0.2 & 0.7 & 0.1 & 0 \\ 0 & 0.4 & 0.5 & 0.1 \\ 0.2 & 0.3 & 0.4 & 0.1 \end{bmatrix}.$$

不同顾客由于职业、性别、年龄、爱好、经济状况等不同,对服装的三个因素所给予的权数是不同的. 设某类顾客购买服装时主要要求经久耐穿、价格便宜,花样稍差不要紧,故对花样(x_1)、耐穿(x_2)、价格(x_3)这三个因素在同一产品设计中赋以的权数为

$$A = \frac{0.2}{x_1} + \frac{0.5}{x_2} + \frac{0.3}{x_3},$$

或写成模糊向量 $A = (0.2,0.5,0.3)$.

注意:各分量之和应为 1,否则应用归一化处理.

于是通过模糊变换,就可得到此类顾客对该服装设计的综合评判为

$$A \circ R = (0.2,0.5,0.3) \circ \begin{bmatrix} 0.2 & 0.7 & 0.1 & 0 \\ 0 & 0.4 & 0.5 & 0.1 \\ 0.2 & 0.3 & 0.4 & 0.1 \end{bmatrix}$$

$$= (0.2,0.4,0.5,0.1).$$

114

综合评判的结果最好也归一化,在本例中,因

$$0.2 + 0.4 + 0.5 + 0.1 = 1.2$$

不是归一化的,为归一化起见,可用 1.2 除以各项而得到归一化后的综合评判结果为

$$
\begin{aligned}
\underset{\sim}{B} &= \left(\frac{0.2}{1.2}, \frac{0.4}{1.2}, \frac{0.5}{1.2}, \frac{0.1}{1.2}\right) \\
&= (0.17, 0.33, 0.42, 0.08) \\
&= \frac{0.17}{y_1} + \frac{0.33}{y_2} + \frac{0.42}{y_3} + \frac{0.08}{y_4}.
\end{aligned}
$$

由于 $\max\{0.17, 0.33, 0.42, 0.08\} = 0.42$,故此种服装的设计为"一般"($y_3$).

在进行综合评判时,因素 $u_1, u_2, \cdots, u_n$ 要选取适当,参加评判的人数不能太少,且要有代表性和实践经验.

综合评判在环保、气象、农业、林业、财经管理、商业、医学、教育……中都有广泛的应用. 它是多个方案在多种评判标准下的优选问题,这种方法多用于难以评判的多因素问题. 它的数学模型就是模糊变换,一般容易在计算上实现. 如果根据经验总结出 $\underset{\sim}{R}$,并把它储存于电子计算机内,只要将 $\underset{\sim}{A}$ 输入计算机,就可得出 $\underset{\sim}{B}$:

$$\underset{\sim}{B} = \underset{\sim}{A} \circ \underset{\sim}{R},$$

如图 3-18 所示. 在这里我们把模糊关系 $\underset{\sim}{R}$ 看成了"模糊转换器". 这是一种既准确又迅速的科学方法.

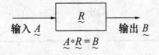

图 3-18　模糊转换器

若已知 $\underset{\sim}{A}$ 和 $\underset{\sim}{R}$,求 $\underset{\sim}{B}$,即已知输入和转换器,求输出,是综合评判,即模糊变换问题.

例 2(生产方案的优选)　设某项农业生产中有三个方案要进

行优选,其条件如下:

(1) 参加评判的指标有五项,它们在总体中的权重分配如下:

评判指标	产量 x_1	费用 x_2	用工 x_3	收入 x_4	土壤肥力 x_5
权 重	25%	25%	10%	20%	20%

(2) 各指标的评分标准如下:

	评分项目和标准				
分数	x_1 亩产量 (斤)	x_2 每百斤产量 费用(元)	x_3 每亩用工 (日)	x_4 每亩纯收入 (元)	x_5 土壤肥力 增减数
5	2200 以上	3 以下	20 以下	140 以上	6 级
4	1900~2200	3~4	20~30	120~140	5 级
3	1600~1900	4~5	30~40	100~120	4 级
2	1300~1600	5~6	40~50	80~100	3 级
1	1000~1300	6~7	50~60	60~80	2 级
0	1000 以下	7 以上	60 以上	60 以下	1 级

(3) 三个生产方案所要达到的指标如下:

项 目	方案 1	方案 2	方案 3
亩产量 x_1(斤)	1400	1800	2150
每百斤费用 x_2(元)	4.1	4.8	6.5
每亩用工 x_3(日)	22	35	52
每亩收入 x_4(元)	115	125	90
土壤肥力 x_5(级)	4	4	2

解 这是一个综合评判问题,应按模糊变换的计算公式求:

$$\underset{\sim}{A} \circ \underset{\sim}{R} = \underset{\sim}{B}.$$

由条件(1),知权数 $\underset{\sim}{A}$ 为

$$\underset{\sim}{A} = \frac{0.25}{x_1} + \frac{0.25}{x_2} + \frac{0.1}{x_3} + \frac{0.2}{x_4} + \frac{0.2}{x_5}.$$

116

$$= (0.25, 0.25, 0.1, 0.2, 0.2),$$

且有 $\quad 0.25 + 0.25 + 0.1 + 0.2 + 0.2 = 1.$

由条件(2)可得如图 3-19 至图 3-23 的线性隶属函数图像(当然还可采用非线性的,更为精确).

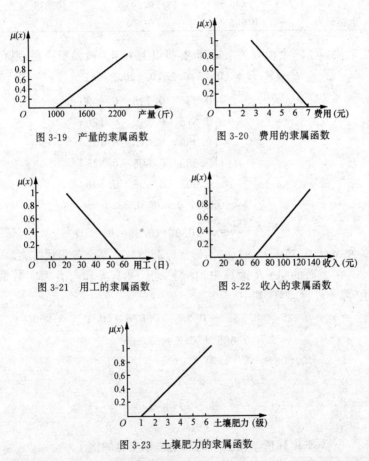

图 3-19　产量的隶属函数

图 3-20　费用的隶属函数

图 3-21　用工的隶属函数

图 3-22　收入的隶属函数

图 3-23　土壤肥力的隶属函数

有了这五个图像,便可从图中查出实行三种方案所对应的不同的隶属函数值.将查出的三个方案的五项指标的隶属函数值列表如下:

R	方案 1	方案 2	方案 3
产量	0.335	0.715	0.965
费用	0.675	0.540	0.120
用工	0.950	0.625	0.195
收入	0.685	0.805	0.375
土壤肥力	0.605	0.605	0.165

上表决定了一个模糊关系矩阵 R. 将以上 R 作为模糊变换器, 则有

$$B = A \circ R = (0.25, 0.25, 0.1, 0.2, 0.2)$$

$$\circ \begin{bmatrix} 0.335 & 0.715 & 0.965 \\ 0.675 & 0.540 & 0.120 \\ 0.950 & 0.625 & 0.195 \\ 0.685 & 0.805 & 0.375 \\ 0.605 & 0.605 & 0.165 \end{bmatrix}$$

$$= (0.606, 0.658, 0.399)$$

$$\xrightarrow{\text{归一化}} (0.364, 0.396, 0.240).$$

因为 $\max\{0.364, 0.396, 0.240\} = 0.396$, 故方案 2 是最优方案.

在上面的 $A \circ R$ 运算中, 我们采用了"有界和与普通实数乘法"算子进行运算, 其中

$$b_{11} = 0.25 \times 0.335 + 0.25 \times 0.675 + 0.1 \times 0.950$$
$$+ 0.2 \times 0.685 + 0.2 \times 0.605$$
$$= 0.606.$$

思考与练习

1. 试举出你所学专业中的三个模糊集合的例子.

2. 概率论中所研究的随机现象与模糊数学中所研究的模糊现象有何异同? 并举例说明.

3. 设论域 $X = \{x_1, x_2, x_3, x_4, x_5\}$ 上的模糊集

118

$$A = \frac{0.2}{x_1} + \frac{0.5}{x_2} + \frac{0.1}{x_3} + \frac{0.6}{x_4} + \frac{0.8}{x_5},$$

$$B = \frac{0.7}{x_1} + \frac{0.8}{x_2} + \frac{0.4}{x_3} + \frac{0.5}{x_4} + \frac{0.2}{x_5},$$

求 $A \cap B, A \cup B, \overline{A}, \overline{B}$.

4. 设论域 $X = \{x_1, x_2, x_3, x_4, x_5\}$ 上的模糊集

$$A = \frac{0.8}{x_1} + \frac{0.4}{x_2} + \frac{0.5}{x_3} + \frac{1}{x_4} + \frac{0.3}{x_5},$$

$$B = \frac{0.6}{x_1} + \frac{0.4}{x_2} + \frac{0.8}{x_4} + \frac{0.2}{x_5},$$

$$C = \frac{0.5}{x_1} + \frac{0.4}{x_2} + \frac{0.7}{x_4} + \frac{0.3}{x_5},$$

$$D = \frac{0.4}{x_1} + \frac{0.6}{x_2} + \frac{0.2}{x_4} + \frac{0.8}{x_5},$$

试判断下列关系是否成立?

(1) $B \subset A$; (2) $C \subset B$; (3) $D = \overline{B}$.

5. 设 6 种商品的集合为 $U = \{u_1, u_2, u_3, u_4, u_5, u_6\}$, U 上的滞销商品模糊集为

$$A = \frac{1}{u_1} + \frac{0.1}{u_2} + \frac{0}{u_3} + \frac{0.6}{u_4} + \frac{0.5}{u_5} + \frac{0.4}{u_6};$$

脱销商品模糊集为

$$B = \frac{0}{u_1} + \frac{0.1}{u_2} + \frac{0.6}{u_3} + \frac{0}{u_4} + \frac{0}{u_5} + \frac{0.05}{u_6};$$

畅销商品模糊集为

$$C = \frac{0}{u_1} + \frac{0.8}{u_2} + \frac{1}{u_3} + \frac{0.4}{u_4} + \frac{0.4}{u_5} + \frac{0.5}{u_6}.$$

(1) 求不滞销商品模糊集 D;

(2) 求 D 与 C 的关系;

(3) 求既脱销又畅销的商品模糊集.

6. "文盲"是一个模糊概念,按规定:识字 500 以下者为文盲,识字 500~1000 者为半文盲,识字 1000 以上者为非文盲. 设论域

$U = \mathbf{R}$(实数集),根据你的经验建立模糊集 $\underset{\sim}{A}$="文盲"的隶属函数,并画图.

7. 设模糊矩阵

$$\underset{\sim}{A} = \begin{bmatrix} 0.8 & 0 & 0.8 & 0.5 \\ 0.2 & 0.3 & 0.2 & 0 \\ 0.6 & 0.7 & 0 & 0 \\ 0 & 1 & 0.6 & 0.1 \end{bmatrix}, \quad \underset{\sim}{B} = \begin{bmatrix} 0.6 & 0.5 & 0.7 & 0 \\ 0.7 & 0 & 0.6 & 0 \\ 0.3 & 0.3 & 0 & 0.8 \\ 1 & 0 & 0 & 0.3 \end{bmatrix},$$

求 $\underset{\sim}{A}^2$, $\underset{\sim}{B}^2$, $\underset{\sim}{A} \circ \underset{\sim}{B}$, $\underset{\sim}{B} \circ \underset{\sim}{A}$.

8. 在中医诊断中存在模糊关系

$$\underset{\sim}{R}_1 = \begin{bmatrix} 0.3 & 0.3 & 0.3 & 0.7 \\ 0.3 & 0.3 & 0.3 & 0.3 \\ 0.8 & 0.3 & 0.8 & 0.8 \\ 0.4 & 0.2 & 0.2 & 0 \end{bmatrix} \begin{matrix} 寒 \\ 热 \\ 虚 \\ 实 \end{matrix},$$
$$\text{自汗 \quad 恶寒 \quad 咳嗽 \quad 喘}$$

$$\underset{\sim}{R}_2 = \begin{bmatrix} 0.5 & 0.3 \\ 0.3 & 0.3 \\ 0.8 & 0.2 \\ 0.6 & 0.3 \end{bmatrix} \begin{matrix} 自汗 \\ 恶寒 \\ 咳嗽 \\ 喘 \end{matrix},$$
$$\text{肺 \quad 心}$$

试建立"寒、热、虚、实"等症状与"肺、心"之间的模糊关系 $\underset{\sim}{R}_1 \circ \underset{\sim}{R}_2$.

9. 已知论域 $X = \{ \text{I}, \text{II}, \text{III} \}$ 中元素的模糊相似矩阵为

$$\underset{\sim}{R} = \begin{bmatrix} 1 & 0.6 & 0.4 \\ 0.6 & 1 & 0.2 \\ 0.4 & 0.2 & 1 \end{bmatrix},$$

试将 X 中元素进行模糊聚类.

10. (新疆玉米种植农业区划的模糊聚类)设论域 $X = \{x_1, x_2, \cdots, x_{10}\}$,其中 $x_1=$ 阿勒泰,$x_2=$ 塔城,$x_3=$ 伊宁,$x_4=$ 昌吉,$x_5=$ 奇台,$x_6=$ 阿克苏,$x_7=$ 库车,$x_8=$ 喀什,$x_9=$ 和田,$x_{10}=$ 吐鲁番. 取影响玉米生长的主要因素 y_1, y_2, y_3, y_4 为 y_1: $\geqslant 10℃$ 积温;

y_2：无霜期；y_3：6～8 月平均气温；y_4：5～9 月降水量．将这些因子的实际观测值经归一化处理，得数据阵如下表：

地区 \ 因子 x_{ij}	y_1	y_2	y_3	y_4
x_1	-1.4	-1.3	-0.9	0.3
x_2	-1.1	-1.4	-1.0	1.2
x_3	-0.4	-0.5	-0.7	1.7
x_4	-0.5	-0.7	-0.2	0.6
x_5	-0.9	-1.0	-0.5	0.9
x_6	0.1	0.5	-0.4	-0.6
x_7	0.7	1.1	0.5	-0.9
x_8	0.6	1.0	0.2	-0.7
x_9	0.8	1.2	0.2	-1.1
x_{10}	2.1	0.9	2.6	-1.4

（1）用绝对值减数法计算地区 x_i 和 x_j 的相似系数 r_{ij}，并写出模糊相似矩阵 $R=(r_{ij})_{10}$，取调整系数 $c=0.08$．

（2）对 X 中的地区进行模糊聚类，并画出聚类分析图，写出相应于 $\lambda=0.848$ 时的分类结果．

11．（适宜度的综合评判）在对华南某些地区种植橡胶的适宜程度的综合评判中，取 $X=\{$年平均气温，年极端最低气温，年平均风速$\}$，$Y=\{$很适宜，适宜 ，较适宜，不适宜$\}$．根据 1960—1978 年历史资料，对南宁地区得单因素决断，它是一个从 X 到 Y 的模糊映射

$$R: X \longrightarrow Y,$$

南宁年平均气温 $\longmapsto(0.42,0.58,0,0)$，

南宁年极端最低气温 $\longmapsto(0,0,0.26,0.74)$，

南宁年平均风速 $\longmapsto(0,0.11,0.26,0.63)$．

又对万宁地区得单因素评价矩阵

$$R_{万宁} = \begin{bmatrix} 1 & 0 & 0 & 0 \\ 0.95 & 0.05 & 0 & 0 \\ 0 & 0 & 0 & 1 \end{bmatrix},$$

如果着眼权重分配为 $A=(0.19,0.80,0.01)$,那么,试分别对南宁、万宁两地区作一综合评价.

12. (教学过程的模糊评判)在教学过程的综合评判中,设置论域 $U=\{u_1,u_2,u_3,u_4,u_5,u_6\}$,其中 u_1:熟悉教学内容,能脱稿讲课;u_2:讲述内容正确、充实,能理论联系实际;u_3:讲课条理清楚、逻辑性强,重点、难点突出;u_4:板书规范、简洁,图示明快;u_5:能恰当地运用各种现代化教学手段;u_6:有效地使用课堂时间,能用启发式进行教学.设置评判集 $V=\{v_1,v_2,v_3,v_4,v_5\}$,其中 v_1:很好;v_2:好;v_3:较好;v_4:一般;v_5:不好.邀请有代表性的 10 位同学给某位教师评分,结果如下表:

因　素	等　级				
	v_1	v_2	v_3	v_4	v_5
u_1	5	3	2	0	0
u_2	3	5	2	0	0
u_3	4	5	1	0	0
u_4	5	5	0	0	0
u_5	1	5	4	0	0
u_6	3	3	4	0	0

若考虑因素集 U 的权重 $A=(0.13,0.3,0.2,0.12,0.12,0.13)$,试求出学生对这位教师的综合评判.

13. 自行设计一个评判"三好学生"的模糊决策模型.

第四章　灰色系统预测与决策

灰色系统理论(theory of grey system)起源于对控制论的研究. 灰色系统是我国创立的一门新学科,它的创始人是我国学者邓聚龙教授. 这门学科为处理"少数据不确定、信息不完全"的预测、决策问题,给出了一种很好的决策方法.

第一节　灰色系统概述

一、灰色系统的概念

1."灰色"的含义

客观世界是物质的世界,也是信息世界. 可是,在国民经济、工程技术、工业、农业、生态、环境、军事等各种系统中经常会遇到信息不完全的情况,如参数(或元素)信息不完全;结构信息不完全;关系(指内、外关系)信息不完全;运行行为信息不完全;等等.

在控制理论中,人们常用颜色的深浅来形容信息的明确程度,如艾什比将内部信息未知的对象称为黑箱(black box);再如在政治生活中,人民群众希望了解决策及其形成过程的有关信息,就提出要增加"透明度". 我们用"黑"表示信息未知,用"白"表示信息完全明确,用"灰"表示部分信息明确、部分信息不明确. 相应地,我们将信息完全明确的系统称为白色系统,信息未知的系统称为黑色系统,部分信息明确,部分信息不明确的系统称为灰色系统.

2. 信息不完全的表现

在人们的社会、经济或科研活动中,信息不完全的情况会经常遇到. 如在农业生产中,即使是播种面积、种子、化肥、灌溉等信息完全明确,但由于劳动力技术水平、自然环境、气候条件等信息不明确,仍难以准确地预计出产量、产值.又如生物防治,虽然人们对害虫与其天敌之间的关系十分明了,但却往往因对害虫与饵料、天敌与饵料、某一种天敌与别的天敌、某一种害虫与别的害虫之间的关联信息了解不够,而难以收到预期的效果.再如价格系统的调整与改革,常因缺乏民众心理承受能力的信息,以及某种商品价格变动对其他商品价格影响的确切信息而举步维艰.类似又如电工系统由于缺乏运行信息、参数信息而使电压、电流等参数的随机波动难以观测;在一些社会经济系统中,由于其没有明确的"内"、"外"关系,系统本身与系统环境,系统内部与系统外部的边界若明若暗,难以分析输入(投入)对输出(产出)的影响,而同一个经济变量,有的研究者把它视为内生变量,另一些研究者却把它视为外生变量,这是因为缺乏系统结构、系统模型及系统功能信息所致.

综上所述,系统信息不完全的情况有以下四种:

(1) 元素(参数)信息不完全;

(2) 结构信息不完全;

(3) 边界信息不完全;

(4) 运行行为信息不完全.

二、灰色系统理论的特点

灰色系统理论是一个内涵非常广泛的理论,它是系统控制理论的新发展,具有以下特点:

1. 系统性

在灰色系统中,包含着部分已经确知的元素和部分未知的元素.这些元素之间是有机联系、相互作用的,具有某种相互依赖的特定关系,具有系统的全部特征,因而,灰色系统是作为系统分类中的一种而存在的.系统研究方法是研究和处理事物的整体联系的方法,必须遵循整体性原则、相关性原则、目的性原则以及动态性原则.灰色系统的一般研究程序是:灰色统计,聚类,规律性数据的生成处理,然后通过各因素之间的关联性分析建立动态模型,作出预测,进而决策,最后达到对系统的控制,这就是系统研究分解的全过程.可见,灰色系统理论处处包含着系统分析的思想.

2. 联系性

作为研究对象的任何一个系统,都是由相互联系的多个因子组成的复杂系统.在诸多因子中,有的对系统全局变化起主导作用,有的则作用不大;有些因子之间关系非常密切,而有的则不明显.一般在进行系统分析时,很多时候不是对所有的因子加以研究,而只需抓住对系统影响大,相互之间关系密切,且能反映事物主要特征的那些因子来进行研究.这些因子的确定,一般采用定性分析和经验判断.而灰色系统理论则通过关联分析来研究系统中各因子之间的相互关系.在系统的灰色控制、灰色预测、层次决策中,关联分析起到了重要作用,它渗透到了灰色系统理论的全部技术方法中.

3. 动态性

系统的特征之一是具有动态性,即把系统看做是一个随着时间的变化而变化的时间函数,是一个动态变化的过程.灰色系统理论与方法用表示时间序列的连续性微分方程建立的动态模型以及离散系统与系统的动态分析手段,来反映系统的动态特征,实现了动态微分方程建模以及对系统的动态控制,这样就能够展示系统运行的全过程,就能预先逼近真实的系统和反映事物的运动规律,为系统控制的研究和实施创造了条件.

4. 内部性

灰色系统理论主张从内部研究问题,提倡在定量分析与定性分析相结合的基础上得出适宜于控制的"满意解".1953 年,艾什比首先使用"黑箱"一词来定义内部结构、特性和参数全部未知的系统.之后,又出现了"灰箱"的提法,"灰箱"意味着仍然是从内部来研究部分确知、部分不确知的系统.这样,内部的部分确知的信息不能充分发挥作用或不能得到充分利用,而在"灰箱"基础上提出的灰色系统,它却主张从事物的内部、从系统内部结构和参数研究系统.目前,随着科学研究的不断深入,所研究的系统越来越复杂,"精确化"、"最优化"的解越来越难以求出,对此,灰色系统理论将以其定量分析与定性分析相结合的优势,在合理处理"精确"与"不精确"的基础上得出"满意解".

三、"信息不完全"原理

1. "信息不完全"含义的引申

"信息不完全"是"灰"的基本含义. 从不同的场合、不同的角度看,还可以将"灰"的含义加以引申.

"信息不完全"原理的运用是"少"与"多"的辩证统一,是"局部"与"整体"的转化,也是灰色系统理论研究问题的根本特征."非唯一性"原理是灰色系统解决问题所遵循的基本思路.

人们在认识世界与改造世界的过程中常常自觉或不自觉地通过已经掌握的部分信息对事物做整体剖析,通过少量已知信息的筛选、加工、延伸和扩展,深化对系统的认识,再经系统改造,系统重组,提高效率.

"非唯一性"原理,在决策上的体现是灰靶思想. 灰靶是目标非唯一与目标可约束的统一,也是目标可接近、信息可补充、方案可完善、关系可协调、思维可多向、认识可深化、途径可优化的具体体现."非唯一性"使人们处理问题的态度灵活机动、决策多目标、方法多途径、计划能调整、效果也具有可塑性,在面对许多可能的解时,能够通过定性分析,补充信息,确定出一个或几个满意解."非唯一性"的求解途径是定性分析与定量分析相结合的求解途径,也是灰色系统和数学科学中常常采用的有效途径.

灰靶、灰数、灰元、灰关系是灰色系统的主要研究对象.因此,灰数及其运算、灰色矩阵与灰色方程是灰色系统理论的基础.工业控制及社会、经济、农业、生态等系统本征性灰系统的分析、建模、预测、决策和控制是灰色系统的主要研究任务.

对一个问题的研究往往同时需要从若干方面综合进行. 如制订一个地区或一个行业的长远发展规划,首先要对现状进行分析、诊断,然后,在此基础上建立系统模型,对未来作出科学、可信的预测,制订计划,选准重点,进行有效的决策与控制,从而达到少投入、多产出的目的. 再如研究生态系统的食物链,则同时涉及绿色植物、食草动物、食肉动物三个层次. 而上述问题的解决,都同时包括了分析、建模、预测、决策和控制几个方面的内容.

2. 灰色系统分析及其建模步骤

灰色系统分析主要包括灰色关联分析、灰色统计和灰色聚类等方面的内容. 而灰色决策方法就是从灰色现象的特点出发,运用灰色系统理论与方法,通过灰色关联分析及相关的一些现代统计分析,进而建立起灰色关联分析模型,使灰色关系量化、序化、显化而得到满意、优化模型与优化决策的方法.

建模是灰色决策的核心,灰色决策建模可以克服传统建模那种要求数据完整、信息明确、分布典型有规律等缺陷. 灰色决策可以在少数据、少信息、任意分布的条件下,直接将离散的时间序列转化为微分方程,建立起能描述自然科学与社会科学中许多抽象系统发展变化的动态模型. 从控制的角度看,它是一种新的建模思想与方法;从数学的角度看,它是一种新的"逼近"途径. 而其系统建模主要是通过数的生成或序列算子作用,寻找其规律,然后根据灰色理论的五步建模思想完成系统建模的. 灰色决策的五步建模如下:

语言模型——→网络模型——→量化模型——→动态模型——→优化模型.

灰色预测是基于灰色动态 GM(1,1)模型(见本章第 4 节)进行的定量预测,按照其功能和特征可分成数列预测,区间预测,灾变预测,季节灾变预测,拓扑预测和系统预测五类;灰色决策包括灰靶决策,灰色关联决策,灰色统计,聚类决策,灰色局势决策,灰色层次决策和灰色规划等;灰色控制的主要内容包括本征性灰系统的控制问题和以灰色系统方法为主构成的控制,如灰色关联控制和 GM(1,1)预测控制等.

四、灰色系统与模糊数学、黑箱方法的区别

灰色系统与模糊数学、黑箱方法的区别,主要在于对系统内涵与外延处理态度不同;研究对象内涵与外延的性质不同.灰色系统着重外延明确、内涵不明确的对象,模糊数学着重外延不明确、内涵明确的对象.例如中国到 2008 年要把人口控制在 13 亿左右,或者说要控制在 12.5 亿到 13.5 亿之间,这"13 亿左右"或"12.5 亿到 13.5 亿之间"就是灰概念,其外延是明确的,但如果确切地问是哪个具体的数值,则不清楚;而"年轻人"这个概念则是个模糊概念,其内涵是明确的,但到底多少岁的人才算"真正的年轻人"就很难划分了,因为年轻人这个概念的外延不明确.

"黑箱"方法是着重于系统外部行为数据的处置方法,是因果关系的量化方法,是扬外延而弃内涵的处置方法,而灰色系统方法则是外延、内涵均扬的方法.具体地,就建模基础而言,灰色系统是按生成数列建模,而黑箱方法却是按原始数据建模;就建模概念而言,灰色系统可以对单端对象(单序列)建模,而黑箱方法却适合双端对象(双序列)建模.

灰色系统是由黑箱、灰箱理论发展起来的.所谓"灰箱"问题指的就是客观事物中部分明确这类问题,而"箱"即意味着仍然是从系统外部特征去研究,"箱"内部的白色信息无法利用.灰色系统则主张打破"箱"的约束,主张着重事物内部(结构、参数、总的特征)研究,尽量发挥白色信息的作用.

大系统,比如社会、经济系统一般都是部分白、部分黑的灰色系统,这些系统除了时间数据外,其他信息几乎全部没有.为此,20世纪 70 年代末,我国学者邓聚龙等人开始研究用时间数据列建立系统动态模型,作出了打开控制理论通向社会、经济领域第一个关卡的尝试.在这里,灰色系统的"外"是指仅用系统输出的时间数据

列,不涉及别的信息. 而这里灰色系统的"内"则是指模型是微分方程而不是差分方程,是长期的发展变化模型,不是短期的变化关系. 因为"内"与"外"(对抽象系统而言)实际上是指接近事物本质的程度、了解内在规律的程度. 只有认识了事物的内部本质,才可能揭示事物发展变化的长期规律;对内部本质认识越深,对事物发展变化的长期规律了解才越长. 而认识表面现象、外部特征,只能理解事物发展变化的较短过程.

五、三种不确定性理论比较

1. 三种不确定性理论的研究宗旨

灰色理论(Grey Theory)、概率论(Probability)与模糊理论(Fuzzy Theory)是三种不同的不确定性理论,这三种不确定性理论研究内容的区别在于:

(1) 灰色理论讨论"少数据不确定",强调信息优化,研究现实规律;

(2) 概率论讨论"大样本不确定",强调统计数据与历史关系,研究历史的统计规律;

(3) 模糊理论讨论"认知不确定",强调先验信息,依赖人的经验,研究经验认知的表达规律.

2. 三种不确定性理论的全面对比

下面列表对三种不确定性理论作一全面对比与区分.

表 4-1　灰色理论、概率论、模糊理论三者的区别

	灰色理论	概率论	模糊理论
内涵	小样本不确定	大样本不确定	认知不确定
基础	灰朦胧集	康托集	模糊集
依据	信息覆盖	概率分析	隶属函数
手段	生成	统计	截集
特点	少数据	多数据	经验(数据)

	灰色理论	概率论	模糊理论
要求	允许任意分布	要求典型分布	隶属度可知
目标	现实规律	历史统计规律	认知表达
思维方式	多角度	重复再现	外延量化
信息准则	最小信息	无限信息	经验信息

3. 关于三种理论"区别"的解释

（1）基础.

灰色理论的基础是灰朦胧集；概率论的基础是康托集；模糊理论的基础是模糊集.

若记属于集合 A 的元素的特征值为1，不属于 A 的元素的特征值为0，则有

康托尔集（cantor set）是只包含"1"与"0"的集合，其元素具有"是"或"非"的特征；

模糊集（fuzzy set）是可以在区间$[0,1]$连续取值的集合；

灰朦胧集（grey hazy set）是可以兼容"0"与"1"、兼容$[0,1]$，并具有演变动态的集合，是信息由少到多不断补充的集合，是元素由不明确到明确、由抽象到具体、由灰到白的集合，是有"生命"、有"时效"、有动态的集合，是具有四种形态：胚胎（embryo）、发育（growing）、成熟（mature）与实证（evidence）的集合.

（2）依据.

灰色理论的依据是信息覆盖；概率论的依据是概率分布；模糊理论的依据是隶属函数.

由于概率分布与隶属函数人们已熟知，故只对灰色理论的依据——信息覆盖加以解释.

所谓信息覆盖是指用一组信息去包容、覆盖给定的命题，如用集合｛童年，少年，青年，中年，老年｝覆盖人的一生；用一组关键词覆盖一篇论文的基本内容.

信息覆盖的实质是：不完全信息的汇集，认知的灰性.

（3）手段.

灰色理论的研究手段为灰色生成;概率论的研究手段为统计;模糊理论的研究手段为边界取值.

由于概率论中的统计,模糊集运算的取大"∨"及取小"∧"均为人们熟知,故只解释灰色生成.

灰色生成是数据处理、信息加工.其目的是为灰色分析、灰色建模、灰色预测、灰色决策等提供可比、合理、同极性的数据;是为了发现数据中隐含的规律.

（4）特点.

灰色理论的特点即少数据;概率论的特点即大样本;模糊理论的特点为经验.

概率论与模糊理论的特点是显见的.

灰色理论为少数据的概念是:灰动态模型的建立,可少到 4 个数据;灰色关联分析模型的建立,每一序列可少到 3 个数据;灰局势决策,每一目标,可少到 3 个样本.

（5）要求.

灰色理论允许数据为非典型分布;概率论要求典型分布;而隶属函数是模糊理论赖以建立的基础.既然灰色理论研究少数据不确定,就不可能构成某种分布.

（6）思维方式.

灰色理论的思维方式是多视角的;概率论的思维方式为重复再现;模糊理论的思维方式为外延量化.

灰色理论以信息覆盖为依据,信息覆盖体现多视角;

概率论与数理统计研究历史统计规律,这决定了它的思维方式是重复再现(类比);

模糊理论将不确定的外延用隶属度(函数)表达,这就是外延量化.

（7）信息准则.

灰色理论为最小信息;概率论为无限信息;模糊理论为经验信

息.

灰色理论立足于(有限)序列,而非函数;立足于对称,而非任意取点.

概率论立足于大样本,追求无穷信息.

模糊理论立足于经验丰富,立足于以经验为内涵的隶属函数.

灰色理论自诞生以来迅速成长,其应用之广泛遍及了工业、农业、经济、气象、社会、生态、水利、生物等诸多领域,并越来越成为对社会、国民经济、科学技术等各种客观、抽象系统进行分析、建模、预测、决策的一个新型工具.

第二节　灰色理论与灰色建模的主要内容

在宏观世界中,灰色系统比白色系统和黑色系统更普遍存在,可以说,白色系统和黑色系统不过是灰色系统的极端存在形式.由于对于任何现实系统我们都很难完全掌握或完全获得与之有关的所有信息,即形形色色的现实系统都具有一定的灰度,因此,从这个意义上来说,研究灰色系统更具有普遍的现实意义.灰色系统研究的对象不仅非常广泛而且它研究的内容也是很多的.

一、灰色理论的主要内容

目前,灰色理论的研究主要包括:灰色哲学、灰色生成、灰色分析、灰色建模、灰色预测、灰色决策、灰色控制、灰色评估、灰色数学等.

1. 灰色哲学

灰色哲学的主要内容有:研究定性认知与定量认知、符号认知的关系;研究默承认、默否认、否认、承认、确认、公认的内涵;研究原理、性质、模式;研究少信息的思维规律等.

2. 灰色生成

灰色生成是数据的映射、转化、加工、升华与处理.其目的是为灰色哲学提供定性资料的转化数据,为灰色分析提供数据的可比领域,为灰色建模提供初加工的数据基础,为灰色决策提供统一测度的数据矩阵.

3. 灰色分析

灰色分析一般指灰色关联分析.灰色关联分析是对运行机制与物理原型不清晰或者根本缺乏物理原型的灰色关系序列化、模式化,进而建立灰色关联分析模型,使灰色关系量化、序化、显化.

4. 灰色建模

灰色建模是少数据(允许少数据)的建模,是基于灰因果律、差异信息原理、平射原理的建模.其目的是在数据有限(即有限序列)的条件下,模仿微分方程建立具有部分微分方程性质的模型.

5. 灰色预测

灰色预测是建立(行为)时轴上现在与未来的定量关系.通过此定量关系(灰色模型)预测事物的发展.

6. 灰色决策

灰色决策是对事物与对策的灰色关系,在数据的统一测度空间,按目标进行量化,或灰色关联化,以找出对付事件的满意对策.

7. 灰色控制

灰色控制目前主要是灰色预测控制.灰色预测控制是按新陈代谢的采样序列,建立时轴上的滚动模型,或者称为滚动建模,通过滚动模型获得系统行为发展的预测值,然后用预测值对系统进行控制.

8. 灰色评估

灰色评估是对事物的灰色类别进行评估.

9. 灰色数学

灰色数学是对非完全抽象的灰数,在灰认知模式的基础上,在灰朦胧集的框架下,研究其运算的法则、算式、模式;研究灰数本身的结构、内涵、性质、类别;研究灰数的表达;研究其灰度的大小与变化.

二、灰色建模概述

所谓灰色模型是指在序列的基础上,所建立的近似微分方程模型.

1. 灰色模型类型

(1) 单序列的一阶到 n 阶线性动态模型;

(2) 多序列的一阶到 n 阶线性动态模型;

(3) 非线性动态、静态模型.

2. 灰色模型结构

(1) 白色子块与灰色子块的耦合;

(2) 大系统的等效窗口;

(3) 灰色大系统逐步白化的白色嵌入.

3. 灰色建模性质

(1) 数据量.

1° 回归模型、差分模型、时序模型属于大样本量模型;

2° 模糊模型属经验模型,但仍以大量经验(数据)为基础;

3° 灰色模型属少数据模型,建立一个常用的灰色模型 GM(1,1),允许数据少到 4 个.

(2) 模型性质.

1° 回归模型、时序模型为函数模型,差分模型为差分方程模型,模型在关系上、性质上不具有不确定性.

2° 模糊模型也属函数模型,在模型的关系上、性质上也不具有不确定性.

3° 灰色模型既不是一般的函数模型,也不是完全(纯粹)的差分方程模型,或完全(纯粹)的微分方程模型,而是具有部分差分性质、部分微分性质的模型.模型在关系上、性质上、内涵上具有不确定性.

4. 灰色建模的难点与要点

(1) 难点.

我们知道,一般微分方程含有差异信息,而只当差异信息可以演化,而且演化具有极限,才可以定义微分. 然而,"具有极限"表明差异信息是无穷多的,表明微分方程模型是差异信息无穷空间的模型. 通过序列比较,可以获得差异信息,而作为序列(一般指有限序列)只能获得有限差异信息,因此,用序列建立微分方程模型,实质上是用有限差异信息建立一个无限差异信息模型,这就是灰色建模的难点.

(2) 要点.

灰色建模的要点(思路)是:从序列的角度剖析一般微分方程,以了解其构成的主要条件. 然后,对那些近似地、基本满足这些条件的序列建立起近似的(信息不完全的)微分方程模型.

对微分方程作序列剖析的途径、手段与基础是:

1° 差异信息原理;   2° 灰因果律;   3° 平射.

5. 灰色建模方法

(1) 微分拟合法;

(2) 灰色模块求解法.

6. 灰色关联分析

(1) 关联度、关联极性、关联序;

(2) 计划经济与市场经济的关联模型.

7. 灰色预测

(1) 灰色模块;

(2) 灰色平面;

(3) 数据函数残差辨识;

(4) 单段函数残差辨识.

8. 灰色规划

(1) 灰色物流;

(2) 灰色非线性规划;

(3) 灰色动态规划;

(4) 灰色区别;

(5) 灰色动态区别.

9. 灰色决策

（1）灰色局势决策；

（2）灰色层次决策.

10. 灰色系统的动态分析

用灰色系统研究社会、经济系统的意义在于将抽象的问题具体化、量化；对信息不完全，变化规律不明确的事物，找出其规律，用以分析事物的发展变化过程，分析事物的可控性、可观性、可达性；通过分析，揭示系统发展过程的优势、劣势、潜力、危机；通过揭示，做出正确的决策，以促进系统迅速、健康、满意、高效地发展.

由于社会、经济系统的复杂性与抽象性，使得建模成为了对社会、经济系统研究的最大障碍. 而通过灰色系统的五步建模，可以对系统的整体功能、协调功能，以及系统各因素之间的关联关系、因果关系、动态关系进行具体的量化研究. 对此，宏观时间的社会、经济系统的五步建模给出了在得到了系统各种因素间、前因与后果间、作用与响应间的关系后，社会、经济系统的一个从定性到定量、粗到细、灰到白的动态建模过程. 灰色系统的五步建模有：

语言模型. 研究系统前首先要明确目的、目标、要求、条件. 而这些问题的明确首先要有思想的开发，然后将思想开发的结果，用准确精练的语言进行描述，这就是语言模型. 如政府以文件形式下发的各种政策性规定，自然科学和社会科学中的许多结论性论述等，都是高层次的语言模型.

网络模型. 在语言模型的基础上，进行因素分析，作前因与后果的辨识，作关系的归纳分解，然后将构成"前因"与"后果"的一对或几对，多个前因或多个后果，作为一个整体（环节），并用方框表示，就得到一个单元网络，或称为一个环节的框图，如图 4-1 所示.

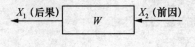

X_1 （后果） ← $\boxed{W}$ ← X_2 （前因）

图 4-1　单元网络图

在图 4-1 中,前因亦称环节 W 的输入,用 X_2 表示,后果亦称环节 W 的输出,用 X_1 表示.

但系统一般包含有相互关联的多个因素(变量).作为前因的因素,也可能是上一个环节的后果.有时还会相互穿插,交替影响.图 4-2 所示的多环节网络框图,就反映了这些关联因素之间的网络关系.

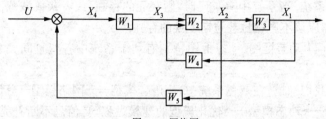

图 4-2　网络图

量化模型.得到网络模型后,搜集前因与后果之间的数量关系.如 X_1 与 X_2 之间若有比例关系 k,即 $X_1 = kX_2$,则在图 4-2 的相应方框内填上 k,这就是量化模型.

动态模型.上述量化模型,只能说明前因与后果之间的简单量化关系,而不能说明:"前因"作用在环节上以后,"后果"如何发展变化;"前因"如何随时间变化,"后果"又如何变,是增长还是衰减,是变得快还是变得慢等.显然这些问题的回答得依赖于 X_1 与 X_2 的时间数据序列.通过输入、输出的时间数据序列可以建立它们之间的发展变化关系,这称为动态模型.

优化模型.前述动态模型的动态品质如果不能令人满意,则应采取适当措施,改变系统参数、结构或加入新的环节.进行了这种优化处理后的模型称为优化模型.

建模是灰色系统的核心内容.传统的建模方法,只限于差分方程和离散模型,不便于描述生命科学、社会科学、经济学、生物医学等系统内部的物理或化学过程的本质.而在灰色系统中,可以直接将时间序列转化为微分方程,进而建立起抽象系统发展变化的动

137

态模型.从控制的角度看,它是一种新的建模思想与方法;从数学角度看,这是一种新的"逼近"途径.

灰色系统用到的模型,一般是指:

(1) 微分方程描述的动态模型.

(2) 时间函数形式的时间响应模型.

(3) 拉普拉斯变换关系描述的动态模型,这里仅是指线性常系数系统.当系统中有灰元时,则灰元的存在,或者灰数域范围的位置,应该不影响拉普拉斯变换的存在.

(4) 动态框图.动态框图特别有利于系统中各变量间关系的说明.

我们知道,在灰色系统中,从语言模型——→网络模型——→量化模型——→动态模型——→优化模型的建模过程,是信息不断补充,系统因素及其关系不断明确,明确的关系进一步量化,量化后关系进行判断改进的过程,是系统由灰变白的过程.以思想开发为基础的语言模型,是建立在人们头脑中大量先验信息(即先验的白化信息)的基础上的,可是缺乏大量的其他信息(如量化信息)以及没有对先验信息进行加工处理,因此只能以语言模型的形式表现出来,并且由于概括程度的不同,模型是有层次的.概括性越强,层次越高.语言模型主要描述了事物的客观实际.建立语言模型,便起到了"确立事实"的作用.对语言模型补充说明因素性质、因素间的关系的信息,便可建立网络模型.对网络模型补充各因素偶对("前因"与"后果")问题的定量关系的信息,便得到了初级的量化模型.如果能补充"前因"、"后果"的时间数据序列,便可建立高级的量化模型,即动态模型.可见,上述五步建模体现了灰色系统不断白化的思想.

从方法的角度看,对灰色系统的研究大体包括:(1) 灰色因素的关联分析;(2) 灰色系统思想与方法;(3) 灰色预测方法;(4) 灰色决策方法;(5) 灰色系统分析;(6) 灰色系统控制.下面几节重点介绍前四个方面的内容.

第三节　灰色因素的关联分析

一、关联分析的概念和特点

灰色因素关联分析即灰因素的系统分析.在含有多种因素的系统中,因素的主次、影响的大小、显在或潜在的程度等,都可以通过关联分析加以明确,这是一种分析系统中各因素相关联程度的方法,或者说,是对系统动态过程发展态势的量化比较分析的方法.其基本思路是依据系统历史有关统计数据的几何关系和相似程度来判断其关联程度.关联分析,可以是点与点的关联分析、区间与区间的关联分析或空间与空间的关联分析,也可以是序列与序列的关联分析.关联分析有以下几个特点:

(1) 对数据要求不甚严格,不像统计分析那样,要求大量观察数据,也不要求数据有典型分布规律(线性、指数或对数的);

(2) 计算方法简便,即使是多因素比较分析,计算工作量也不像统计分析那样复杂.

二、关联度分析的计算方法

灰色关联度分析的计算一般分为如下步骤:原始数据变换;计算关联系数;求关联度.

灰色关联度分析方法是根据因素之间的发展趋势的相似或相异程度,来衡量因素间关联程度的方法.此分析方法对样本量的多少没有要求,计算量小,也不需要有典型的分布规律.对系统进行关联度分析,需找出数据序列,即用什么数据才能反映系统的行为特征.用几何图形的方法很明显,能观察出哪些数据序列间的关联度大,哪些数据序列间的关联度小.

设有 n 个时间序列:

$$\{x_1(t)\}, \quad t = 1, 2, \cdots, M,$$
$$\{x_2(t)\}, \quad t = 1, 2, \cdots, M,$$
$$\cdots\cdots\cdots\cdots\cdots\cdots\cdots\cdots$$
$$\{x_n(t)\}, \quad t = 1, 2, \cdots, M,$$

其中的 M 为数据的个数, n 个序列代表 n 个因素(变量). 另外, 再设定一个时间序列 $\{x_0(t)\}, t = 1, 2, \cdots, M$. 它们的具体图形如图 4-3 所示.

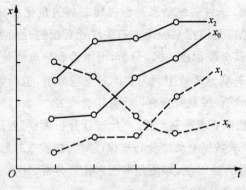

图 4-3　各时间序列间的关联度比较图

从图 4-3 中可明显看出, 几何形状相似的时间序列关联度较大; 反之, 几何形状差异度较大的时间序列关联度较小, 例如: $x_0(t)$ 和 $x_1(t)$, $x_0(t)$ 和 $x_2(t)$ 之间的关联度大于 $x_0(t)$ 和 $x_n(t)$ 之间的关联度.

1. 原始数据变换

关联度是由关联系数演变而来, 在计算关联系数之前必须先进行原始数据的变换, 消除量纲对数列之间关系的影响. 不同的数据序列由于物理意义不同, 量纲也不一定相同. 例如, 产值一般用"元"作为价值单位, 产量却用"千克"作为度量单位, 而种植面积一般用"公顷"或者"亩"来计量. 不同的量纲造成的几何曲线的比例不同, 因此进行数列比较时, 很难得到正确的结果, 故必须消除量

140

纲对序列的影响,使序列转换为可以进行比较的数列.原始数据变换的方法通常有两种:

(1) 均值化变换.先分别求出每个序列的平均值,然后用各个序列的均值去除相应序列中的每一个数据,得到一组新的序列,于是在新的序列中,没有了量纲,而且新的序列中的每一个数都分布在 1 的左右.

(2) 初值化变换.把每一组序列中的每一个数分别去除相应序列中的第一个数,得到一组新的序列,称为初值化数列.初值化数列中没有量纲.

在消除序列的量纲过程中,两种方法都可以,但在对稳定的经济系统做动态序列的关联度分析时,一般情况下用初值化变换,因为经济系统中大多数的动态序列是呈增长趋势的.如果对原始数列只做数据之间的关联度分析,也可以使用均值化变换.

2. 计算关联系数

记消除量纲的一个序列为 $\{x_0(t)\}$,另一个序列为 $\{x_1(t)\}$,如果两个序列处在同一时刻 k 的值分别记为 $\{x_0(k)\}$,$\{x_1(k)\}$,即:

$$X_0(t) = \{x_0(1), x_0(2), x_0(3), \cdots, x_0(k)\},$$
$$X_1(t) = \{x_1(1), x_1(2), x_1(3), \cdots, x_1(k)\},$$

则 $x_0(i)$,$x_1(i)$ 的绝对差值记为 Δ_i:

$$\Delta_i = |x_0(i) - x_1(i)| \quad (i = 1, 2, 3, \cdots, k).$$

若将各个时刻的最小差值记为 $\Delta_{\min}$,最大差值记为 $\Delta_{\max}$,即

$$\Delta_{\min} = \min_{1 \leqslant i \leqslant k} \{|x_0(i) - x_1(i)|\},$$
$$\Delta_{\max} = \max_{1 \leqslant i \leqslant k} \{|x_0(i) - x_1(i)|\},$$

则**关联系数**(correlative coeffcient)的计算公式为

$$r = \frac{\Delta_{\min} + \rho \Delta_{\max}}{\Delta_i(k) + \rho \Delta_{\max}},$$

其中 $\Delta_i(k)$ 为 k 时刻两比较序列的绝对差;ρ 为分辨系数,ρ 的取值介于 0～1 之间,一般情况下的 ρ 可取 0.1～0.5,ρ 的作用是消除

Δ_{max} 值过大从而使计算的关联系数 r 值失真的影响.

关联系数反映了两个序列在同一时刻的紧密程度,关联系数越大,两个序列在该时刻的关系越密切,反之,两个序列在该时刻的关系越不密切. 从关联系数的公式中不难看出,在某个时刻 $\Delta_i(k)$ 取最小值 Δ_{min} 时,关联系数 r 的值为 1,$\Delta_i(k)$ 的值取最大即为 Δ_{max} 时,r 的值取最小值. 因此,关联系数 r 的取值范围为 $0 < r \leqslant 1$.

3. 求关联度

关联度是一种"关系",两个时间序列借助于几何图形比较,如果两个几何图形在任一时刻点的值都相等,则两个序列的关联度一定等于 1. 因此,两序列的**关联度**是两个各个时刻关联系数的算术平均数,用 R 值表示,则

$$R = \frac{1}{N} \sum_{i=1}^{N} r_i,$$

式中 N 为两个序列的数据个数,r_i 为两个序列各个时刻的关联系数.

4. 关联度的性质

关联度具有以下三种性质:

(1) **自反性**:设 $X_0(t)$ 为一时间序列,则该序列自身的关联度 $R_{00} = 1$.

(2) **对称性**:设有两个序列 $X_1(t)$,$X_2(t)$,则 $X_1(t)$,$X_2(t)$ 的关联度 R_{12} 和 $X_2(t)$,$X_1(t)$ 的关联度 R_{21} 相等,即 $R_{12} = R_{21}$.

(3) **传递性**:设有三个序列 $X_0(t)$,$X_1(t)$,$X_2(t)$,如果 $R_{01} > R_{02}$,$R_{02} > R_{12}$,则 $R_{01} > R_{12}$.

5. 关联度计算方法举例

以下举例说明关联度的计算步骤与方法.

设有四组时间序列:

$$\{x_1^{(0)}\} = \{39.5, 40.3, 42.1, 44.9\},$$

$$\{x_2^{(0)}\} = \{46.7, 47.3, 48.2, 47.5\},$$
$$\{x_3^{(0)}\} = \{5.4, 5.8, 6.1, 6.3\},$$
$$\{x_4^{(0)}\} = \{6.1, 6.0, 5.8, 6.4\}.$$

(1) 以$\{x_1^{(0)}\}$为母序列, 其余数列为子序列.

(2) 将原始数据作初值化处理, 则

$$\{x_1^1\} = \left(\frac{39.5}{39.5}, \frac{40.3}{39.5}, \frac{42.1}{39.5}, \frac{44.9}{39.5}\right) = (1, 1.02, 1.07, 1.14),$$

$$\{x_2^2\} = \left(\frac{46.7}{46.7}, \frac{47.3}{46.7}, \frac{48.2}{46.7}, \frac{47.5}{46.7}\right) = (1, 1.01, 1.03, 1.02),$$

$$\{x_3^3\} = \left(\frac{5.4}{5.4}, \frac{5.8}{5.4}, \frac{6.1}{5.4}, \frac{6.3}{5.4}\right) = (1, 1.07, 1.13, 1.17),$$

$$\{x_4^4\} = \left(\frac{6.1}{6.1}, \frac{6.0}{6.1}, \frac{5.8}{6.1}, \frac{6.4}{6.1}\right) = (1, 0.98, 0.95, 1.05).$$

(3) 计算各子序列同母序列在同一时刻的绝对差, 计算公式为

$$\Delta_{1i} = |x_1(t) - x_i(t)| \quad (i = 2, 3, 4; t = 1, 2, 3, 4).$$

计算结果如表 4-2 所示.

表 4-2　两比较序列的绝对差

Δ_{1i} ＼ t	1	2	3	4
$\Delta_{12}(t)$	0	0.01	0.04	0.12
$\Delta_{13}(t)$	0	0.05	0.06	0.03
$\Delta_{14}(t)$	0	0.04	0.12	0.09

从表中找出最小值和最大值:

$$\Delta_{\min} = 0, \quad \Delta_{\max} = 0.12.$$

(4) 计算关联系数(取 $\rho = 0.5$):

$$r_{1i} = \frac{\Delta_{\min} + \rho\Delta_{\max}}{\Delta_{1i}(t) + \rho\Delta_{\max}} \quad (i = 2, 3, 4).$$

计算关联系数的结果如表 4-3 所示.

表 4-3　关联系数计算值

r_{1i} ＼ t	1	2	3	4
$r_{12}(t)$	1	0.86	0.60	0.33
$r_{13}(t)$	1	0.55	0.50	0.67
$r_{14}(t)$	1	0.60	0.33	0.40

（5）计算关联度：

$$R_{12} = \frac{1}{4}\sum_{t=1}^{4} r_{12}(t) = \frac{1 + 0.86 + 0.60 + 0.33}{4} = 0.70,$$

$$R_{13} = \frac{1}{4}\sum_{t=1}^{4} r_{13}(t) = \frac{1 + 0.55 + 0.50 + 0.67}{4} = 0.68,$$

$$R_{14} = \frac{1}{4}\sum_{t=1}^{4} r_{14}(t) = \frac{1 + 0.60 + 0.33 + 0.40}{4} = 0.58,$$

则对各序列 $\{x_i^{(0)}\}$ 之间的关联度有

$$R_{12} > R_{13} > R_{14}.$$

第四节　灰色系统预测建模原理与方法

一、灰色预测的概念

预测即借助于对过去的探讨去推测、了解未来,而灰色预测(grey forecast)则是通过原始数据的处理和灰色动态模型(grey dynamic model)的建立,发现、掌握系统发展规律,对系统的未来状态作出科学的定量预测. 灰色预测方法的特点表现在：首先是它把离散数据视为是连续变量在其变化过程中所取的离散值,从而可利用微分方程处理数据；不直接使用原始数据,而是由它产生累加生成数,对生成数序列使用微分方程模型. 这样就可以抵消大部分随机误差,显示出规律. 灰色预测方法现在已经广泛应用于社会经济和科学技术的各个领域,并取得了良好的预测效果,其原因是灰色预测具有以下优点：

（1）灰色预测方法计算简单. 灰色预测以深厚的数学知识为其基础,但计算步骤却较简单,多数可用手工或计算器完成.

（2）灰色预测需要的原始数据少. 有些统计方法需要大量的统计数据,才能找出现象发展的规律,而灰色预测需要的数据较少,只用四五个数据就可做累加,进而建立模型进行预测.

（3）灰色预测的适用范围较广. 灰色预测不但可以进行短期预测,也可用于中、长期预测.

二、灰色预测的类型

（1）数据预测. 有些现象随时间的变化呈现出规律变化,预测在将来的某个时刻该现象数量的多少称为数据预测. 例如,预测某地区的游客人数随时间推移的变化规律.

（2）灾变预测. 对发生灾变或可能出现异常突变事件发生的时间进行的预测称为灾变预测. 例如,对某地区旱灾、涝灾的预测以及对地震时间的预测等.

（3）系统预测. 对系统中变量间相互协调发展变化及其数量进行的预测称为系统预测. 例如,在大农业系统中,农、林、牧、渔各业产值对农业总产值影响的预测属于系统预测.

（4）拓扑预测. 在坐标系中 ,画出原始数据对应的曲线图,在曲线上,找出各个定值对应的时点,形成时点数列,然后建立模型,预测未来某定值发生的时点,这种预测称为拓扑预测.

三、灰色系统预测建模原理与步骤

1. 建模原理

灰色理论是将随机的无规律的原始数据生成后,使其变为较有规律的生成数列,进而建立灰色动态模型进行预测、控制、决策的理论.

灰色系统常用的生成方式有三类:累加生成,累减生成,映射生成.下面以累加生成为例介绍灰色预测建模的方法.

设原始数列为 $X^{(0)} = \{x^{(0)}(1), x^{(0)}(2), \cdots, x^{(0)}(n)\}$.

将原始数列经过一次累加生成,可获得新数据列:

$$X^{(1)} = \{x^{(1)}(1), x^{(1)}(2), \cdots, x^{(1)}(n)\},$$

其中 $\qquad x^{(1)}(k) = \sum_{i=1}^{k} x^{(0)}(i) \quad (k = 1, 2, \cdots, n).$

对于非负的数据列,累加的次数越多,随机性弱化越明显,数据列呈现的规律性越强.这种规律如果能用一个函数表示出来,这种函数称为生成函数.一般情况下,生成函数为指数函数.

2. 建立灰色模型步骤

灰色模型(grey model)记为 GM.微分方程适合描述社会经济系统、生命科学内部过程的动态特征,因此灰色系统预测模型的建立,常应用微分拟合法为核心的建模方法. GM(m,n)表示 m 阶 n 个变量的微分方程.在 GM(m,n)模型中,由于 m 越大,计算越复杂,因此常用的灰色模型为 GM$(1,i)$,称为单序列一阶线性动态模型.

下面以 GM$(1,1)$为例说明建模步骤.

GM$(1,1)$表示一阶一个变量的微分方程预测模型,它是灰色预测的基础,主要用于时间序列预测.其建模步骤为:

(1) GM$(1,1)$的建模过程:

第一步,设原始数列为

$$X^{(0)} = \{x^{(0)}(1), x^{(0)}(2), \cdots, x^{(0)}(n)\}.$$

第二步,对原始数列做一次累加生成得累加生成数列

$$X^{(1)} = \{x^{(1)}(1), x^{(1)}(2), \cdots, x^{(1)}(n)\},$$

其中 $\qquad x^{(1)}(k) = \sum_{i=1}^{k} x^{(0)}(i) \quad (i = 1, 2, \cdots, n). \qquad (1)$

对累加生成数列建立预测模型的白化形式方程:

$$\frac{dX^{(1)}}{dt} + aX^{(1)} = u, \qquad (2)$$

式中 a, u 为待定系数.

第三步,利用最小二乘法求出参数 a, u 的值:

146

$$[a,u]^{\mathrm{T}} = (B^{\mathrm{T}}B)^{-1}B^{\mathrm{T}}Y_n,\qquad(3)$$

其中累加矩阵 B(由累加生成数列构成)为

$$B = \begin{bmatrix} -\dfrac{1}{2}\big[x^{(1)}(1) + x^{(1)}(2)\big] & 1 \\[2mm] -\dfrac{1}{2}\big[x^{(1)}(2) + x^{(1)}(3)\big] & 1 \\[2mm] -\dfrac{1}{2}\big[x^{(1)}(3) + x^{(1)}(4)\big] & 1 \\[2mm] \vdots & \vdots \\[2mm] -\dfrac{1}{2}\big[x^{(1)}(n-1) + x^{(1)}(n)\big] & 1 \end{bmatrix},\qquad(4)$$

原始数据列矩阵为

$$Y_n = \begin{bmatrix} x^{(0)}(2) \\ x^{(0)}(3) \\ x^{(0)}(4) \\ \vdots \\ x^{(0)}(n) \end{bmatrix}.\qquad(5)$$

第四步,将求得的参数 a,u 代入(2)式并求解此微分方程,得 GM(1,1)预测模型为

$$\hat{x}^{(1)}(k+1) = \left(x^{(0)}(1) - \frac{u}{a}\right)\mathrm{e}^{-ak} + \frac{u}{a}.\qquad(6)$$

第五步,对(6)式表示的离散时间响应函数中的序变量 k 求导,得还原模型为

$$\hat{x}^{(0)}(k+1) = (-a)\left(x^{(0)}(1) - \frac{u}{a}\right)\mathrm{e}^{-ak}.\qquad(7)$$

(2) 模型精度检验.

精度检验有两种方法:

第一,绝对误差与相对误差检验,公式如下:

$$q^{(0)}(t) = x^{(0)}(t) - \hat{x}^{(0)}(t),\qquad(8)$$

147

$$e(t) = \frac{x^{(0)}(t) - \hat{x}^{(0)}(t)}{x^{(0)}(t)} = \frac{q^{(0)}(t)}{x^{(0)}(t)}, \tag{9}$$

式中 $q^{(0)}(t)$ 表示残差；$x^{(0)}(t)$ 表示 t 时刻的实际原始数据值；$\hat{x}^{(0)}(t)$ 表示 t 时刻的预测数据值；$e(t)$ 表示相对误差.

第二,后验差检验法:

求 $x^{(0)}(t)$ 的平均值 $\bar{x}$:

$$\bar{x} = \frac{1}{n} \sum_{t=1}^{n} x^{(0)}(t). \tag{10}$$

求 $x^{(0)}(t)$ 的方差 s_x^2:

$$s_x^2 = \frac{1}{n} \sum_{t=1}^{n} (x^{(0)}(t) - \bar{x})^2. \tag{11}$$

求残差 $q^{(0)}(t)$ 的均值 $\bar{q}$:

$$\bar{q} = \frac{1}{n} \sum_{t=1}^{n} q^{(0)}(t). \tag{12}$$

求 $q^{(0)}(t)$ 的方差 s_q^2:

$$s_q^2 = \frac{1}{n} \sum_{t=1}^{n} (q^{(0)}(t) - \bar{q})^2. \tag{13}$$

求后验比值 c:

$$c = s_q/s_x. \tag{14}$$

求小误差概率 p:

$$p = P\{|q^{(0)}(t) - \bar{q}| < 0.6745 s_q\}. \tag{15}$$

一般情况下,c 越小越好,一般要求 $c < 0.35$,最大不能超过 0.65;同时 p 越大越好,一般要求 $p > 0.95$,不能小于 0.7. 具体精度等级见表 4-4.

表 4-4　灰色预测模型精度等级

等级	登记代号	p	c
好	I	>0.95	<0.35
合格	II	>0.80	<0.45
勉强	III	>0.70	<0.50
不合格	IV	≤ 0.70	≥ 0.65

若检验不合格,应再建残差 GM(1,1)模型进行修正.

第五节　灰色预测模型应用实例

例　已知某市工业总产值数据如表 4-5,试建立该市工业总产值的 GM(1,1)模型并进行预测.

表 4-5　某市工业总产值原始数据

时间	2001 年	2002 年	2003 年	2004 年
工业总产值(亿元)	60.3	79.94	95.61	111.5

上表内容可写成:

$$x^{(0)}(t) = \{60.3, 79.94, 95.61, 111.5\}.$$

(1) 一次累加生成数列:

$$x^{(1)}(k) = \{60.3, 140.24, 235.85, 347.35\}.$$

(2) 建立数据矩阵 B 和 Y_n:

根据第四节的(4)式和(5)式有

$$B = \begin{bmatrix} -\dfrac{1}{2}(60.3 + 140.24) & 1 \\ -\dfrac{1}{2}(140.24 + 235.85) & 1 \\ -\dfrac{1}{2}(235.85 + 347.35) & 1 \end{bmatrix} = \begin{bmatrix} -100.27 & 1 \\ -188.045 & 1 \\ -291.6 & 1 \end{bmatrix},$$

$$Y_n = (79.94, 95.61, 111.5)^{\mathrm{T}}.$$

(3) 根据第四节的(3)式利用最小二乘法有

$$[a, u]^{\mathrm{T}} = (B^{\mathrm{T}}B)^{-1}B^{\mathrm{T}}Y_n,$$

其中

$$B^{\mathrm{T}}B = \begin{bmatrix} -100.27 & -188.045 & -291.6 \\ 1 & 1 & 1 \end{bmatrix} \begin{bmatrix} -100.27 & 1 \\ -188.045 & 1 \\ -291.6 & 1 \end{bmatrix}$$

$$= \begin{bmatrix} 130445.55 & -579.915 \\ -597.975 & 3 \end{bmatrix}.$$

因为

$$(B^{\mathrm{T}}B \vdots I) = \begin{bmatrix} 130445.55 & -579.915 & \vdots & 1 & 0 \\ -597.975 & 3 & \vdots & 0 & 1 \end{bmatrix}$$

$$\sim \begin{bmatrix} 1 & -0.0044073 & \vdots & 0.0000076 & 0 \\ 0 & 0.4441407 & \vdots & 0.0044073 & 1 \end{bmatrix}$$

$$\sim \begin{bmatrix} 1 & 0 & \vdots & 0.0000513 & 0.0099232 \\ 0 & 1 & \vdots & 0.0099232 & 2.2515387 \end{bmatrix},$$

所以

$$(B^{\mathrm{T}}B)^{-1} = \begin{bmatrix} 0.0000513 & 0.0099232 \\ 0.0099232 & 2.2515387 \end{bmatrix}.$$

又

$$B^{\mathrm{T}}Y_n = \begin{bmatrix} -100.27 & -188.045 & -291.6 \\ 1 & 1 & 1 \end{bmatrix} \begin{bmatrix} 79.94 \\ 95.61 \\ 111.5 \end{bmatrix},$$

于是得到 $a = -0.1530041$，$u = 65.71795$.

(4) 根据第四节的(6),(7)式可得离散时间响应函数为

$$\hat{x}^{(1)}(k+1) = \left(60.3 + \frac{65.71795}{0.1530041} \right) e^{0.1530041k} + \frac{65.71795}{-0.1530041}$$

$$= (60.3 + 429.51757) e^{0.1530041k} - 429.51757,$$

所以

$$\hat{x}^{(1)}(k+1) = (60.3 + 429.51757) e^{0.1530041k} - 429.51757,$$

其还原模型为

$$\hat{x}^{(0)}(k+1) = 0.1530041 \left(60.3 + \frac{65.71795}{0.1530041} \right) e^{0.1530041k}$$

$$= 74.944096 e^{0.1530041k},$$

即

$$\hat{x}^{(0)}(k+1) = 74.944096 e^{0.1530041k}. \tag{16}$$

150

（5）模型检验见表 4-6（绝对误差与相对误差检验）.

表 4-6　模型检验

k 序号	计算值	实际累加值	误差（%）
$k=1$	140.54	140.24	-0.21
$k=2$	235.65	235.85	0.08
$k=3$	346.62	347.35	0.21

还原模型的检验见表 4-7.

表 4-7　还原模型的检验

k 序号	计算值	原始值	残差	误差（%）
$k=1$	81.25	79.94	-1.31	-1.6
$k=2$	96.57	95.61	-0.96	-1.0
$k=3$	112.41	111.5	-0.91	-0.82

由以上检验可知,计算值与原始值误差较小,预测模型可以使用.

（6）灰色模型预测.

用（16）式计算 2005—2017 年该市工业总产值分别为：

2005 年　$\hat{x}^{(0)}(4+1) = 74.944096e^{0.1530041 \times 4}$ 亿元
$$= 138.21 \text{ 亿元;}$$

2006 年　$\hat{x}^{(0)}(5+1) = 74.944096e^{0.1530041 \times 5}$ 亿元
$$= 161.06 \text{ 亿元;}$$

2007 年　$\hat{x}^{(0)}(6+1) = 74.944096e^{0.1530041 \times 6}$ 亿元
$$= 187.69 \text{ 亿元;}$$

2008 年　$\hat{x}^{(0)}(7+1) = 74.944096e^{0.1530041 \times 7}$ 亿元
$$= 218.72 \text{ 亿元;}$$

2009 年　$\hat{x}^{(0)}(8+1) = 74.944096e^{0.1530041 \times 8}$ 亿元
$$= 254.88 \text{ 亿元;}$$

……　　……

2012 年　$\hat{x}^{(0)}(11+1) = 403.34$ 亿元;

……　　……

2017 年　$\hat{x}^{(0)}(16+1) = 866.80$ 亿元.

由以上预测数据显示,该市 2005—2017 年工业总产值有较大增长,且上述各年分别可达到 138.21 亿元,161.06 亿元,187.69亿元,218.72 亿元,254.88 亿元,403.34 亿元和 866.80 亿元.

综上所述,灰色预测是一种处理"少数据不确定,信息不完全"系统的有效预测方法.灰色系统是介于白色系统与黑色系统之间的一种系统.白色系统是指一个系统的内部特征是完全已知的,即系统的信息是完全充分的,而黑色系统是指一个系统的内部信息对外界来说一无所知.

灰色预测通过鉴别系统因素之间发展趋势的相异程度,并通过对原始数据的生成处理来寻找系统变动的规律,从而建立预测模型来预测事物未来的发展趋势.

应用最多的灰色预测模型是 GM(1,1) 模型,该模型是通过求解微分方程

$$\frac{\mathrm{d}X^{(1)}}{\mathrm{d}t} + aX^{(1)} = u$$

而求得,其预测模型的一般形式为

$$\hat{x}^{(1)}(k+1) = \left(x^{(0)}(1) - \frac{u}{a}\right)\mathrm{e}^{-ak} + \frac{u}{a}.$$

建立的 GM(1,1) 模型一般要通过一系列的检验,若建立的 GM(1,1) 模型检验不合格或精度不理想,则要对模型进行残差修正,修正方法则是建立 GM(1,1) 的残差模型.

第六节　灰色系统决策

灰色决策是指数据中含有灰元的决策,或信息太分散,经处理后可转化为决策过程能利用的有用信息,或指与灰色模型 GM(1,1) 结合的规划型决策.本节主要讨论灰色局势决策和灰色层次决策.决策必须包括下述要素:(1) 事件;(2) 对策;(3) 效果;(4) 目标.可见决策也就是指对于发生的事件所考虑的许多对策,而不同的

对策效果不同,进而就要用目标去衡量而挑选出一个效果最佳者.

一、灰色局势决策

1. 决策元

发生了某事件 a_i,用某对策 b_j 去解决,就构成了一个局势 $s_{ij}(a_i,b_j)$,称为二元组合. 它对某一局势有某一特定效果. 为此,记二元组合(事件,对策)与效果测度的整体为

$$((\text{事件},\text{对策}),\text{效果测度}) \stackrel{\text{def}}{=\!=\!=} \frac{\text{效果测度}}{(\text{事件},\text{对策})},$$

称之为**决策元**. 对于事件 a_i 与对策 b_j 的决策元记为

$$\frac{r_{ij}}{(a_i,b_j)},$$

式中 r_{ij} 即局势 (a_i,b_j) 的效果测度.

2. 决策向量与矩阵

若有事件 $a_1,a_2,\cdots,a_n$,有对策 $b_1,b_2,\cdots,b_m$,则对于同一事件 a_i 可用不同的对策,从而构成了 m 个局势 $(a_i,b_1),(a_i,b_2),\cdots,$ (a_i,b_m).将相应的决策元排成一行,便有下述决策行

$$\delta_i = \left(\frac{r_{i1}}{(a_i,b_1)}, \frac{r_{i2}}{(a_i,b_2)}, \cdots, \frac{r_{im}}{(a_i,b_m)} \right).$$

对于同一个对策 b_j,考虑与不同的事件 $a_1,a_2,\cdots,a_n$ 匹配,并将其相应的决策元排成一列,便有下列决策列

$$q_j = \left(\frac{r_{1j}}{(a_1,b_j)}, \frac{r_{2j}}{(a_2,b_j)}, \cdots, \frac{r_{nj}}{(a_n,b_j)} \right)^{\mathrm{T}}.$$

将上述 $\delta_i(i=1,2,\cdots,n)$ 与 $q_j(j=1,2,\cdots,m)$ 按相应的行列排列,便得矩阵 D,记为 $D(\delta_i,q_j)$,即

$$D(\delta_i,q_j) \stackrel{\text{记为}}{=\!=\!=} D = \begin{bmatrix} \dfrac{r_{11}}{(a_1,b_1)} & \dfrac{r_{12}}{(a_1,b_2)} & \cdots & \dfrac{r_{1m}}{(a_1,b_m)} \\[2mm] \dfrac{r_{21}}{(a_2,b_1)} & \dfrac{r_{22}}{(a_2,b_2)} & \cdots & \dfrac{r_{2m}}{(a_2,b_m)} \\[1mm] \vdots & \vdots & & \vdots \\[1mm] \dfrac{r_{n1}}{(a_n,b_1)} & \dfrac{r_{n2}}{(a_n,b_2)} & \cdots & \dfrac{r_{nm}}{(a_n,b_m)} \end{bmatrix}.$$

3. 决策准则

决策准则是在各有关决策元中取其效果测度最大者,因此有行决策和列决策:

(1) 行决策. 在决策行 δ_i 中取最优决策元,从而得到最优局势. 其准则是:

若 $r_{ij^*} = \max\limits_{j}\{r_{ij}\} = \max\{r_{i1}, r_{i2}, \cdots, r_{im}\}$,则决策元

$$\frac{r_{ij^*}}{(a_i, b_{j^*})}$$

为最优决策元,局势 (a_i, b_{j^*}) 为最优局势,即在处理事件 a_i 中,以对策 b_{j^*} 最为有效.

(2) 列决策. 在决策列 q_j 中取最优决策元,从而得到最优局势. 其准则是:

若 $r_{i^*j} = \max\limits_{i}\{r_{ij}\} = \{r_{1j}, r_{2j}, \cdots, r_{nj}\}$,则决策元

$$\frac{r_{i^*j}}{(a_{i^*}, b_j)}$$

为最优决策元,即事件 a_{i^*} 最适合用对策 b_j 来处理,也称同一对策在不同事件中寻找最优局势 (a_{i^*}, b_j) 及最适合事件 a_{i^*}.

4. 多目标决策

当局势目标有 $1, 2, \cdots$ 多个时,则记局势 (a_i, b_j) 对目标 $K(K \in \{1, 2, \cdots\})$ 的效果测度 $r_{ij}^{(K)}$ 的相应决策元为 $r_{ij}^{(K)}/(a_i, b_j)$. 为此有相应的决策行、决策列及相应的决策矩阵 $M^{(K)}$:

$$M^{(K)} = \begin{bmatrix} \dfrac{r_{11}^{(K)}}{(a_1, b_1)} & \dfrac{r_{12}^{(K)}}{(a_1, b_2)} & \cdots & \dfrac{r_{1m}^{(K)}}{(a_1, b_m)} \\ \dfrac{r_{21}^{(K)}}{(a_2, b_1)} & \dfrac{r_{22}^{(K)}}{(a_2, b_2)} & \cdots & \dfrac{r_{2m}^{(K)}}{(a_2, b_m)} \\ \vdots & \vdots & & \vdots \\ \dfrac{r_{n1}^{(K)}}{(a_n, b_1)} & \dfrac{r_{n2}^{(K)}}{(a_n, b_2)} & \cdots & \dfrac{r_{nm}^{(K)}}{(a_n, b_m)} \end{bmatrix} \quad (K = 1, 2, \cdots, N).$$

$M^{(K)}$ 称为第 K 个目标的决策矩阵. 而一个有 N 个目标的 N 个决

154

策矩阵应先综合为一个决策矩阵 $M^{(\Sigma)}$,然后再用单目标决策准则,找最优局势. $M^{(\Sigma)}$ 的形式同 $M^{(K)}$,只要将 (K) 用 (Σ) 替代即可. $M^{(\Sigma)}$ 中的元素与各个单目标决策矩阵 $M^{(K)}$ 间的元素有下述关系:

$$r_{ij}^{(\Sigma)} = \frac{1}{N} \sum_{i=1}^{N} r_{ij}^{(K)},$$

这是效果测度生成方式之一.

5. 效果测度

用 m 个对策去处理同一个事件,则有 m 个不同的效果. 在多目标局势决策中,有不同的目的,就有评价效果的不同准则. 因此在局势决策过程中要求有统一的效果测度:

(1) 上限效果测度. 记 s_{ij} 为事件 a_i 与对策 b_j 的局势,$s_{ij} = (a_i, b_j)$,若 s_{ij} 在目标 P 下有效果白化值为 $u_{ij}^{(P)}$,则局势 s_{ij} 的上限效果测度 r_{ij} 为

$$r_{ij}^{(P)} = \frac{u_{ij}^{(P)}}{\max\limits_{i,j}\{u_{ij}^{(P)}\}} \quad (i = 1, 2, \cdots, n; j = 1, 2, \cdots, m).$$

(2) 下限效果测度的一般形式为

$$r_{ij}^{(P)} = \frac{\min\limits_{i,j}\{u_{ij}^{(P)}\}}{u_{ij}^{(P)}} \quad (i = 1, 2, \cdots, n; j = 1, 2, \cdots, m).$$

(3) 适中效果测度. 在白化值 $u_{ij}^{(P)}$ 中指定 u_0 为适中值,则有适中测度为

$$r_{ij}^{(P)} = \frac{\min\{u_{ij}^{(P)}, u_0\}}{\max\{u_{ij}^{(P)}, u_0\}} \quad (i = 1, 2, \cdots, n; j = 1, 2, \cdots, m).$$

6. 局势决策步骤

一般离散可数局势空间的局势决策的步骤是:第一步,给出事件与对策;第二步,构造局势;第三步,给出目标;第四步,给出不同目标的白化值;第五步,计算不同目标的局势效果测度;第六步,将多目标问题化为单目标问题;第七步,按最大局势效果测度选取最佳局势,进行决策.

按上述步骤,再根据前面所示的各有关公式就可以进行灰色

局势决策,限于篇幅,举例从略.

二、灰色层次决策

灰色层次决策又称集团决策或模糊层次决策.所谓层次决策是指决策者人数众多,按决策者的决策意向、信息来源、态度、职责分为几个层次.一般是三个层次:群众层、专家层、领导层.层次决策主要用于大型开发计划的确定或综合大型投资决策等方面.

群众层主要是提出比较广泛的决策意向、有关意向的各种信息及渠道,为专家层提供进一步咨询决策的参考;专家层主要是从该项决策的决策意向方面提出技术性或业务性的信息和看法,使决策意向相对比较集中,认识更明确;领导层主要是将专家的比较集中的意向进一步加工和筛选,重点考虑该项决策的财政方面的安排和信息的来源与政府政策的关系.领导层对决策有充分的权力.就灰色层次决策的角度而言,群众层可以通过灰色统计用白化数表示意向,权数大者表示总的意向;专家层可用灰色预测模型GM(1,1)来分析各项决策方案的效益及权重;领导层则可用灰色聚类分析来确定各决策方案的权数.当三个层次决策权向量得到后,按大中取小、小中取大的保险决策来确定群众与专家的联合决策,再按关联度大小来判断哪个联合决策与领导层的决策最接近,便可取之为最优决策.因篇幅有限,举例从略.

思考与练习

1. 何谓灰色系统?灰色系统理论有何特点?
2. 灰色系统与模糊数学、黑箱方法有何区别?
3. 何谓灰色预测?灰色预测有哪些类型?
4. 进行灰色预测要经过哪些步骤?为什么要先对数据进行处理?
5. 简述灰色因素关联分析的计算步骤.

6. 简述灰色局势决策的主要内容与步骤.

7. 某市社会消费品零售总额原始数据如表 4-8,试建立该市社会消费品零售总额的 GM(1,1)模型并预测 2006—2010 年的数据.

表 4-8 某市社会消费品零售总额原始数据

时间	2002 年	2003 年	2004 年	2005 年
社会消费品零售总额(亿元)	4.7668	5.0492	5.8571	6.8

第五章　可拓决策

在现实世界中,人们常常会碰到:要实现的目标和给出的条件之间有矛盾,即在某些条件下,按通常的办法去处理则达不到预期的目的,这样的问题称之为**"不相容问题"**. 不相容问题广泛地存在于人们的学习、生活和工作中,同时还广泛存在于自然科学、社会科学和工程技术中. 可以说,人类的历史,就是一部不断解决矛盾、不断开拓的历史. 在历史上曾有过"曹冲称象"这类巧妙解决矛盾的故事,多少年过去了,人们仍然津津乐道地谈及此事,无非是想借此说明曹冲是多么聪明,但却很少有人想到这里面的深刻意义以及如何探求解决此类事件的规律性. 那么,解决不相容问题有无规律可寻呢?能否建立一套处理不相容问题的理论与方法,以至于构成一个完整体系、形成一门学科呢? 对此,中国学者蔡文教授于 1983 年提出的"可拓集合"理论开创了对这一问题的深入研究. "可拓集合"理论的建立,为寻找解决不相容问题的规律提供了理论依据,并为决策科学的发展闯出了又一条新的途径.

按照可拓集合的观点,解决不相容问题,要考虑如下三个方面:(1) 必须涉及事物的变化及其特征,如曹冲把大象换成相同重量的石头,由于石头的可分性而使问题得到解决;(2) 必须使用非数学的(如物理或化学的)方法使不相容问题变为相容;(3) 必须建立允许一定矛盾前提的逻辑,这也是解决不相容问题的基础.

经过 20 多年可拓学研究者们的深入研究与艰苦努力,可拓学已初具规模,包括可拓论、可拓方法、可拓工程等,在理论与方法研究上都取得了不少创新性、突破性的研究成果,并在多领域、多类型的实际应用中取得了许多成功事例,引起了国内外学术界的广泛关注.

第一节　可拓决策的基本思想

一、可拓决策的基本思想

可拓决策的基本思想是：从处理矛盾问题(即不相容问题)的角度出发,研究如何运用形式化的模型分析事物拓展的可能性和开拓创新的规律,在遇到矛盾时,如何生成策划创意,如何进行全面的资源分析,寻找可拓资源,化不相容为相容,化对立为共存,并形成一套解决矛盾问题的方法.利用这些方法,可以为解决计算机与人工智能、控制与检测、经济与管理、资源整合、市场营销、危机防范与处理等多个领域中的矛盾问题提供可拓优化决策.

纵观人类社会的进步史,实质上就是一部从不可能到可能,再从可能到现实的不断创新的历史.在这个过程中,人们不断地否定"不可能",从而获得更大的自由思维空间.可拓学作为研究事物的可拓性及开拓规律和方法的新学科,它为实现从"不可能"到"可能"提供了定量化和形式化的工具.

根据可拓学中矛盾问题的可拓模型知,策划与决策的目标和条件都可以用物元或事元形式化表达,策划中的矛盾问题都可以用可拓模型来形式化表达.解决矛盾问题的思路可归结为图 5-1 所示的流程.

一般而言,要化解矛盾,有三条路径可以选择.

(1) 变换目标.如果在某个条件下目标不能实现,而条件又难以改变,此时可考虑变换问题的目标.例如："曹冲称象"问题,在当时的条件下,秤的称量是难以改变的(比如只能称量 100 kg),即条件是难以改变的,曹冲把"称象"的目标,改变成了"称石头",而石头具有可分性,可以用小秤来称量,从而使矛盾化解.

(2) 变换条件.如果矛盾问题的目标不易改变,则应考虑改变问题的条件.例如某居民区有 100 户居民,因政府用地需要搬迁,

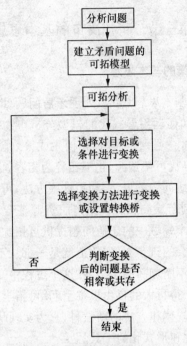

图 5-1　解决矛盾问题的流程图

政府拨款1400万元,而居民在市里再买房平均每户需约18万元,显然这是个不相容问题.为了解决这一矛盾,如果能设法争取到政府的更多拨款,或从其他渠道筹集到经费,则可使矛盾化解,这就是改变条件解决矛盾的方法.

(3) 同时变换目标和条件.在许多矛盾问题的解决过程中,往往单独进行目标的变换或条件的变换不能化解矛盾,此时可考虑同时改变问题的目标和条件.例如某房地产开发商要建一高档住宅花园,经过市场调查后发现,很多消费者既想要别墅式有花园的住宅,又由于南方天气潮湿而不想要一层住宅.为了解决这一矛盾问题,该开发商设计了多套带楼顶花园的复式住宅,很受消费者的欢迎.这就是同时改变目标(不住底层)和条件(花园在地面)而解决矛盾的例子.

实现"不相容变为相容"、"对立变为共存"的关键是生成变换法、设置变换法.不论选择对目标的变换还是对条件的变换,都要涉及变换方法的选择.可拓学中规定了四种基本变换和变换的整合规则,分别为置换变换、增删变换、扩缩变换、组分变换以及与变换、或变换、积变换、逆变换,另外还有传导变换和复合变换.每种变换或变换的整合都可以成为解决矛盾问题的方案,通过评价选优后确定要实施的变换.

转换桥方法是一种用"各行其道,各得其所"的思想解决对立矛盾问题的有效方法.可拓学中研究了各种对立问题的转换桥的设置方法,为解决策略中的对立问题提供了可行的思路.例如,深圳的皇岗桥即为连接中国内地和香港特别行政区,变两个对立的交通系统为共存的转换桥的一个典型实例.

可拓学中的可拓变换、转换桥等方法,都是化"不相容为相容"、化"对立为共存"的有效方法,应用这些思想和方法于策划与决策之中,可以使策划中的矛盾问题得到有效的解决.

不论何种类型的矛盾,都具有相对性和绝对性.在一定时间和空间状态下的矛盾问题,随着事物的变化、事态的发展或时间空间的变化,可能会发生质的变化,由矛盾化为相容或共存.另外,由于人们的认识水平和习惯领域的差异,对某些人而言是矛盾的问题,对其他人而言却可能是相容或共存问题.随着科技的发展,技术水平的提高,原来被认为是矛盾的问题也可变为相容或共存问题.可见,从某种意义上讲,发现矛盾或产生矛盾,并不一定是坏事,人类就是在不断解决矛盾问题的过程中发展、进化的.矛盾是人们改革、创新的动力,矛盾为人类的发展提供了契机.

二、可拓学和其他学科的联系

数学与可拓学有着天然的联系,由于现有的数学工具很难描述不相容问题,因此促使新的、更能贴切地描述不相容问题及其求解过程的数学形式应运而生.

经典数学的基础是经典集合,经典集合本质上描述的是事物的确定性,它的数学表达形式是特征函数,在经典集合中"是"、"非"分明,经典集合{0,1}描述的是元素属于某一集合的绝对隶属关系.

在模糊数学中,模糊集合将普通集合的绝对化的只能取 0 和 1 两个值推广到了可以取[0,1]区间中的任一实数,从而实现了可以定量刻画模糊性事物的目的.模糊集合是用隶属函数来表征的,模糊集合是模糊数学的基础.

而要解决不相容问题,就必须考虑"非"和"是"可以互相转化的情形.例如,上万斤重的大象不属于能用小秤称量物体的集合,然而用可拓方法却能使其变成能用小秤称量集合中的一个元素.可见,在可拓集合基础上建立的新的数学工具与物元分析理论,也为数学研究提供了一种新的思想与思维方法.

物元分析以促进事物转化、解决不相容问题为其主要研究对象.也可以说,物元分析研究的是人们"出主意、想办法"的规律.由于思维科学也是研究人们认识客观世界规律性的一门学科,因此,物元分析与思维科学之间有着不可分割的紧密相联的关系,思维科学中关于灵感思维的探讨与思维过程的定量化描述可以采用物元分析中的主要工具去完成.

此外系统科学中对系统的描述与物元分析中的一些观点也有着深刻的联系.物元分析提出了系统物元和结构变换等概念,通过系统物元变换去寻求合理的系统结构,并在这个基础上建立起解决大系统决策问题的可拓决策方法.

物元分析还将数学命题与所考察事物的具体意义紧密联系起来研究.物元理论通过物元变换研究事物改变的规律和方法,并把它形式化,从而也为哲学研究提供了一种新的思想与工具.

因此,可拓学(物元分析)是介于数学、思维科学、系统科学和哲学之间的一门边缘学科.它们的关系如图 5-2 所示.

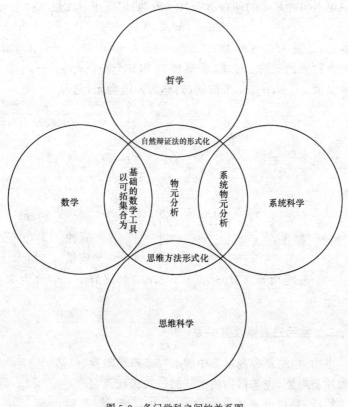

图 5-2　各门学科之间的关系图

第二节　物元与物元变换

一、物元

所谓物元,顾名思义,就是描述事物变化的基本元. 物元是可拓集合理论的一个基本概念,也是研究如何将不相容问题转化为相容问题时必须要有的一个"逻辑细胞",物元这个"逻辑细胞"在决策科学中能较好地刻画决策问题所涉及的物质客体或现象(包

163

括主观上与客观上的两种状态). 一般地, 记有序三元组

$$R = (M, C, X)$$

为**物元**, 这里 M 表示事物, C 表示特征, X 表示 M 关于 C 的量值, 此三者称为物元的三要素. 若事物 M 用 n 个特征 $c_1, c_2, \cdots, c_n$ 及相应的量值 $x_1, x_2, \cdots, x_n$ 来描述, 则称为 **n 维物元**, 记为

$$R = \begin{bmatrix} M & c_1 & x_1 \\ & c_2 & x_2 \\ & \vdots & \vdots \\ & c_n & x_n \end{bmatrix}.$$

例如

$$R = (M, C, X) = \begin{bmatrix} M & c_1 & x_1 \\ & c_2 & x_2 \\ & c_3 & x_3 \end{bmatrix} = \begin{bmatrix} 工件 & 长 & 30\,\mathrm{cm} \\ & 直径 & 5\,\mathrm{cm} \\ & 质量 & 5\,\mathrm{kg} \end{bmatrix}$$

就是一个三维物元, $(M, c_1, x_1), (M, c_2, x_2), (M, c_3, x_3)$ 称为 R 的**分物元**.

二、物元三要素及其关系

事物, 指的是客观世界中的事物或事物本身, 包括一切自然现象和社会现象, 也包括物质范畴的一切客观存在.

特征, 是用以描述事物的属性, 如重量、体积、颜色等. 要完整地刻画一个事物, 需通过许多个特征去体现. 然而, 在解决实际问题时, 我们不可能亦没有必要把一个事物所有特征全部列出来, 而要根据实际问题的需要, 列出事物的某些特征.

量值, 是相对于具体的事物和特征而言的, 是指该事物关于所指特征的规模、程度和范围等.

如研究对象是"某项工程", 用物元描述时则首先要明确我们研究该工程的哪些属性? 若是工程的投资额为 1000 万元人民币, 用物元表述即为

$$R = (某项工程, 投资额, 1000 万元) = (M, C, X),$$

其中 M 表示工程本身, C 表示投资额, X 表示 1000 万元.

在物元三个要素中,特征起着关键性的作用.下面对特征作一介绍.

1. 事物决定特征

要认识事物,就要认识它的特征.不相容问题有很多解法的根本原因在于:事物具有众多的特征.一个事物关于这个特征是不相容的,但另一些特征却可能为解决这个问题提供条件.特征改变了,事物关于原特征不相容就可能变为关于新特征相容;事物改变了,关于某特征的不相容也可能变为相容.

2. 特征之间的联系

一个事物的若干特征中,有的是孤立存在的,有的是相互联系的.事物某些特征的变化会引起另外一些特征的变化.若物元集

$$\{R\} = \left\{ \begin{bmatrix} M & c_1 & x_1 \\ & c_2 & x_2 \end{bmatrix} \middle| x_1 \in U, x_2 \in V \right\}$$

中,有一个关系 f,使

$$x_1 = f(x_2) \gneqq a \quad (a \text{ 是固定的量值}),$$

则称 c_1 和 c_2 为**相关特征**,否则称为**无关特征**.

3. 事物与量值的关系

事物的变化会引起某些特征的量值的改变;相反,量值的变化超过一定范围就会产生质的变化,即事物的改变.

三、物元变换

建立了物元这一概念后,再通过对其进行变换,就可将不相容问题转化为相容问题.所谓物元变换,就是把一个物元变为另一个物元,或把一个物元分解为若干个物元.物元变换实际上是对事物,或对特征,或对量值的变换,每种变换可分解为四种基本形式.

1. 置换变换

事物 M_0 变为另一事物 M_1 的变换称为事物的置换变换.同样

可定义特征与量值的置换变换.

2. 增删变换

物元的事物,或特征,或量值附加另一事物,或特征,或量值的变换分别称为物元的事物,或特征,或量值的增加变换;反之为删减变换.增加变换和删减变换统称为增删变换.如在牙膏中掺入某种药物,可以使牙膏有治疗口腔疾病的功效,此称为增加变换;又如在价值工程中,剔除产品的多余功能,从而降低成本,这种减少多余功能的变换就是删减变换.

3. 扩缩变换

物元的量值的 α 倍(α 是实数且 $\alpha > 0$)的变换称为量值的扩缩变换.当 $\alpha > 1$ 时,称为扩大变换;当 $\alpha < 1$ 时,称为缩小变换.

设物元的特征 c 由特征 $c_1, c_2, \cdots, c_n$ 结合而成,事物关于 $c, c_1, c_2, \cdots, c_n$ 的量值 $x, x_1, x_2, \cdots, x_n$ 满足

$$x = x_1 \cdot x_2 \cdot \cdots \cdot x_n,$$

则称特征 c 为 $c_1, c_2, \cdots, c_n$ 之积,记为

$$c = c_1 \times c_2 \times \cdots \times c_n,$$

并称 c 为 $c_1, c_2, \cdots, c_n$ 的母特征;$c_1, c_2, \cdots, c_n$ 都看成 c 的子特征.

$c_i (i = 1, 2, \cdots, n)$ 变为 c 的变换称为特征的扩大变换,而 c 变为 $c_i (i = 1, 2, \cdots, n)$ 的变换称为特征的缩小变换.

物元的事物由大变小或由小变大的变换称为事物的扩缩变换,如物体热胀冷缩.

4. 组分变换

物元 $R_0 = (M_0, c_0, x_0)$ 的量值 x_0 分解为若干个量值 $x_1, x_2, \cdots, x_n$ 的变换称为量值的分解变换;反之,物元 $R_1 = (M_0, c_0, x_1)$, $R_2 = (M_0, c_0, x_2), \cdots, R_n = (M_0, c_0, x_n)$ 结合成物元 $R = (M_0, c_0, x)$ 的变换称为组合变换.组合变换和分解变换统称为量值的组分变换.

若特征 $c_1, c_2, \cdots, c_n$ 和 c 满足

$$c = c_1 \times c_2 \times \cdots \times c_n,$$

则 $c_1, c_2, \cdots, c_n$ 变为 c 的变换,称为 $c_1, c_2, \cdots, c_n$ 的组合变换;反之,特征 c 变为 $c_1, c_2, \cdots, c_n$ 的变换,称为 c 的分解变换.特征的组合变换和分解变换统称为特征的组分变换.

事物 M_0 变为若干个(不少于两个)事物 $M_1, M_2, \cdots, M_n$ 的变换称为事物的分解变换;事物 $M_1, M_2, \cdots, M_n$ 组成具有某种意义的事物 M 的变换称为事物的组合变换.事物的组合变换和分解变换统称为事物的组分变换.

如一台大型机器搬不进车间时,我们可将机器拆成几部分,搬进去后,再组装起来,前一种变换就是分解变换,后一种变换是组合变换.

以上物元三要素的四种基本变换中,增删、扩缩、组分三种变换都是一对互为逆变换的基本变换.

除上述物元的四种基本变换外,还有连锁变换,多维物元的受迫变换和双否变换等.

对于物元变换还规定了一些基本运算:

积 把物元 R_0 变换到 R_1,再把 R_1 变换到 R_2,则 R_0 直接变换到 R_2 的变换就称为前两个变换的积;

逆 先把物元 R_0 变换到 R_1,则把 R_1 变换到 R_0 的变换称为原变换的逆变换;

或 对两个变换采用其中一种变换的变换,称为这两个变换的或变换;

与 同时采用两个变换的变换,称为这两个变换的与变换.

所谓解决一个问题,就是指在一定的条件下要达到某种目的.用物元分析的观点表述,即是一个目的物元 R 和一个条件物元 r 的综合 $R \cdot r$.

如果要真正将其运用到决策科学中去,则还需建立相应的一些概念,如关联函数、相容度,等等.但由于其数学形式过分复杂,因篇幅所限,本章只作简要叙述.

第三节　物元变换与可拓决策

我们知道,物元分析是一门研究物元及其变换的科学,可拓集合为人们描述事物的变化提供了强有力的工具,从辩证范畴看,可拓集合不仅突破了"排中律"与"矛盾律",使现实世界中的辩证矛盾在思维形式中得以再现.而且可拓集合还突破了"同一律",突出了可拓集合中事物可转化性,为科学决策和辩证哲学的发展作出了新贡献.然而,可拓集合理论究竟是如何运用到决策科学中去的呢?它又是通过哪些具体手段将不相容问题转变为相容问题的呢?要弄清楚这一问题,还要继续讨论物元变换与可拓集合.

物元分析认为,任何一个问题都可以划分为目的和条件两部分.例如,一个工厂一年中要获得一定的利润,这可以看成是目的,而现有的厂房、设备、人员和管理水平等可以看成是条件.如何合理地改变条件、目的以及企业的各种关系,来使工厂、企业向着人们需要的目的前进,这就是工矿企业的决策者所要考虑的问题.对此,物元分析用物元表示问题,并通过分析它们的结构与相互关系,找出变换及其转化的相互关系和规律,从而解决实际问题.

对于一个给定的实际问题 W,用物元表示即为 $W=R\cdot r$,可以通过变换目标、变换条件及同时变换目标和条件这三条途径,再利用置换、组分、扩缩和增删四种基本变换,通过"或"、"与"、"逆"三种组合方式形成各种解决问题的方法,这就是物元分析的"三四三"法.物元变换的"三四三"法在经济管理、环境投资等决策中有着广泛的应用.

一、三四三法

三四三法是指人们遵循一定的程序寻求合理解决问题的方法的一种思维过程.前"三"指的是解决问题的三条途径;中"四"指的是四种基本变换;后"三"是指变换的三种组合方式.

1. 三条途径

一个问题,既然是由目的和条件构成的,则解决问题就可以从改变条件、改变目的或者同时改变条件和目的这三条途径入手,寻求解决问题的方法.

(1) 变换条件.

改变原来的条件,可以使不可能的事情变成可能的事情.同一个人,在不同的环境中可以发挥不同的作用,甚至判若两人.因此,改变事物存在的环境常常是处理不相容问题的有效方法.

同一产品,某一个推销员推销不出去,而另一个推销员却可推销成千上万件,这也是变换条件——更换推销员的结果.

(2) 变换目的.

"曹冲称象"这一故事,通过把大象换为石头解决了矛盾,这从本质上来讲是变换了目的,先把"小秤称大象"的问题换为另一问题"小秤称石头",这样,原来不相容的问题就变成了可解的问题.

在变换目的时,一定要注意问题的蕴含性,即变换后目的的实现能导致原目的的实现.

如果变换后目的的实现不能导致原目的的实现,则得到的解只可能是"相似解".例如,用 2100 元去购买 A 型电视机,由于商店缺货,只好购买了一台 B 型电视机,这样的解就是相似解,它无法导致原目的(购买 A 型电视机)的实现.

(3) 同时变换目的与条件.

2. 四种基本变换

四种基本变换是"置换"、"增删"、"扩缩"和"组分".

3. 三种组分方式

在四种基本变换的基础上,可以组合出更多的构思,这些组合有如下三种方式:与变换、或变换、逆变换.

二、三四三法在价值工程中的应用

利用三四三法,可以提出新产品的构思,以下简介三四三法在可拓决策中的应用.

利用三四三法提出降低成本的价值工程方法简介:

价值工程是研究如何提高产品或作业价值的科学方法,它可以运用物元分析的方法,通过变换原材料、工序、零件等寻找最优方案.

所谓价值,就是指功能和成本的比值:

$$价值＝功能/成本,$$

其中功能是指一个产品,一道工序,一个单位所具有的作用或用途.企业的活动本质上是围绕采购功能、生产功能和出售功能来进行的.因此,功能观念,是价值工程的起点,它要求我们考虑问题要从功能出发,从功能的角度来观察、分析和处理工厂的产、供、销等活动,去寻求最合理的方案.

在价值工程中,有两个重要的基本原则:

原则 1 相同功能的东西可以互相替代;

原则 2 一切方案都是可以改进的,都存在着提高经济效益的潜力.

从价值工程的观点来看,任何方案都是不完善的,任何产品、工序和结构都是可以改进的.如何改进?怎样创新?各种创新的方案、办法和措施是怎样想出来的? 我们利用三四三法,可以按照如下四个问题提出创新方案:

1. 能否置换

虽然每种原材料或者每个零件都是为实现某种功能所必需的,但是,往往有这种情况,即要实现某种功能,并非非使用它不可.在工厂里,只要具有相同量值的功能的东西,就可以作为互相替换的对象.也就是说,相同功能的同征物元可以互相替代.寻找同征物元,是解决工厂里原料不足,成本过高矛盾的主要方法.例如有家工厂发现,在生产过程中,甲醇和甲酚都具有配制某一产品需要的功能,即(甲醇,功能,x)和(甲酚,功能,x)是同征物元.因此,可用甲醇代替甲酚,而每年可为工厂节约 7.2 万元,与此相仿,

170

另一工厂提出用重芳烃代替脂类的方案,每年可为工厂节省 15 万元.

由于科学技术的进步,新材料、新工艺、新产品层出不穷.因此,对每一种正在使用的材料、零件、工序甚至生产人员都可以提出这样的问题:能否用确定同征物元的方法去寻找成本更低、效果更好的替代物?

2. 能否组合或分解

把一些零部件或工序合并而保持所需要的功能,往往可以节省很多材料或资金.如,某胶鞋厂过去将海绵中底与硬中底分成两道工序硫化,但后来经分析、革新,提出了两道工序合并为一道工序的方案且保持了原有的功能,进而节省了劳动力、时间和原料.

与组合相反的变换方法是分解.有时候,把复杂的零件或工序分解为若干部分,也可以提高经济效益.如,某农药厂把"乐果乳剂"的包装工序分解为若干工序:灌装、统一加内塞、统一旋外盖、套草套等,并采取了流水作业.经过分解变换后,总功能没有改变,但一个产品消耗的总时间却减少了,从而提高了工作效率,降低了成本.

3. 能否增加或删减

在有些事物中,加进少量添加剂,便会产生极大的功能.如,某化工厂使用环氧树脂和固化剂配制的粘胶剂很脆,为了解决这一难题,他们在生产中加入了少量的磷苯二甲酸二丁脂等增韧剂,便解决了这一问题.

另一方面,通过功能分析,我们时常会发现一些多余的零部件、动作或工序,若去掉这些部分既可为工厂节省大量的成本,又能保持原产品的必要功能.如,某化工厂提出把万能胶包装中的塑料内盖去掉,并使用闭口软管,既减少了一道工序,又节省了材料.

4. 能否扩大或缩小

在有些生产过程中,通过缩小某些零部件的尺寸、体积或重量,减少某些工序的时间或加料量,既降低了产品的成本,又保证了原产品的必要功能. 如, 某胶鞋厂将网球鞋橡胶大底原来的含胶量 42% 减少为 40%, 又将填充料从 58% 扩大到 60%, 既降低了成本, 又保持了所需要的功能.

可见, 若对工厂里的原料、零部件、规格、设备、包装、工序、形状、结构和方式等都能根据上述四个方面提出创新方案, 则可得到多种提高工效、降低成本的创新方法.

物元变换是解决价值工程问题的一种实用方法, 下面介绍某啤酒厂薄板冷却系统节能革新改造中的物元变换新方案.

例 某啤酒厂根据三四三法, 提出薄板冷却系统一次节能新技术的改造方案.

(1) 问题的提出.

啤酒酿造冷却工序原来采用的生产工艺的物元模型是

$$R_0 = (P_0, \theta_0, x_0)$$

$$= \begin{bmatrix} 薄板冷却机 & 水冷却面积 & 8\ \mathrm{m}^2 \\ & 酒精水冷却面积 & 12\ \mathrm{m}^2 \\ & 水冷却温差 & 15\text{℃} \\ & 酒精水冷却温差 & 16\text{℃} \\ & 单锅冷却用时 & 2\ \mathrm{h} \\ & 单锅冷却耗水 & 35\ \mathrm{T} \\ & 冷却水回收 & 0\ \mathrm{T} \end{bmatrix}.$$

按此工艺生产多年, 基本上能保证啤酒质量. 但由于单锅冷却用时长, 耗水量大, 酒精水冷却温差大, 用于酒精水的制冷电耗大, 所以能源浪费严重.

(2) 用物元变换提出新方案.

根据热平衡理论中传热量的基本公式:

$$Q = k \cdot \Delta t \cdot F \quad 或 \quad Q = (\Delta t / R_k) \cdot F,$$

其中 Q 为导热量, Δt 为温差, F 为导热面积, k 为传热系数, R_k 为热阻.

在原生产工艺下, $k, \Delta t, R_k, F$ 等均为定值, 若要缩短冷却用

172

时、降低耗水量、耗电量是不可能的.实践证明,这是一个不相容问题.

为变不相容问题为相容问题(由目的和该目的能实现的条件构成的问题),以实现节能之目的,根据四种基本变换,并从厂内现有设备条件出发,首先考虑事物变换,将单机使用改为双机串联使用,酒精水冷却面积不变.这样不仅增加了水冷却面积,也相对减少了酒精水冷却温差.此时冷却工艺的物元描述为

$$
R_1 = \begin{bmatrix} P_1 & \theta_1 & x_{11} \\ & \theta_2 & x_{12} \\ & \theta_3 & x_{13} \\ & \theta_4 & x_{14} \\ & \theta_5 & x_{15} \\ & \theta_6 & x_{16} \\ & \theta_7 & x_{17} \\ & \theta_8 & x_{18} \end{bmatrix} = \begin{bmatrix} 双机联用 & 水冷却面积 & 23\,m^2 \\ & 进出水方式 & 三进三出 \\ & 酒精水冷却面积 & 12\,m^2 \\ & 水冷却温差 & 42℃ \\ & 酒精水冷却温差 & 6℃ \\ & 单锅冷却用时 & 3 \sim 4\,h \\ & 单锅冷却耗水 & 45\,T \\ & 冷却水回收 & 20\,T \end{bmatrix}.
$$

第一个变换是把事物从单机改变为双机;从工厂的实际出发,第二个变换是把进出水方式从三进三出改为二进二出或一进一出.一进一出冷却工艺的物元描述为

$$
R_2 = \begin{bmatrix} P_1 & \theta_1 & x_{21} \\ & \theta_2 & x_{22} \\ & \theta_3 & x_{23} \\ & \theta_4 & x_{24} \\ & \theta_5 & x_{25} \\ & \theta_6 & x_{26} \\ & \theta_7 & x_{27} \\ & \theta_8 & x_{28} \end{bmatrix} = \begin{bmatrix} 双机联用 & 水冷却面积 & 28\,m^2 \\ & 进出水方式 & 一进一出 \\ & 酒精水冷却面积 & 12\,m^2 \\ & 水冷却温差 & 52℃ \\ & 酒精水冷却温差 & 8℃ \\ & 单锅冷却用时 & 5 \sim 6\,h \\ & 单锅冷却耗水 & 20\,T \\ & 冷却水回收 & 20\,T \end{bmatrix}.
$$

(3) 效果.

通过上述两个变换,不相容问题转化为相容问题,而且新工艺使单锅节水 15 T 以上,还使酒精水冷却温差大大降低,大量减少耗能,同时回收的冷却水温度达到 70℃ 以上,冷却水采用强磁除

垢后,水质很好,只需微量蒸气加热就可供糖化工序使用,收到一举多得的效果.

由于该方案每年可节约 7 万多元,因此获得了合理化建议节能改革奖.

第四节　基于物元变换的可拓决策方法

随着人类对自然界和社会认识的不断深化,科学决策与控制已越来越成为现代企业生产与管理的核心,人类运用数学工具来认识世界与改造世界进入了一个崭新时期.当今亟待解决的工程技术、企业生产与管理以及复杂大系统的决策问题,涉及因素很多,约束条件也很复杂,出现了大量的不相容问题.对此,传统决策理论与数学方法已无能为力.为了解决现实世界中大量存在的不相容问题,就必须在辩证思维基础上,开拓出一套化不相容问题为相容的独特的、富有创新性的手段与方法.而可拓学的理论与方法正好提供了描述事物变化与矛盾转化的形式化语言和可拓模型,进而为寻求解决不相容问题的规律以及可拓决策分析方法,为实现企业的现代化改造与谋求企业的最佳经济效益,提供最佳科学决策.深入讨论表明,基于物元变换的可拓决策分析方法是解决工程技术、经济科学与客观世界中普遍存在的不相容问题的有力工具与科学决策方法.

为了更严密、更准确地对创造性思维过程加以形式化描述,首先介绍可拓集合与关联函数.

一、可拓集合与关联函数

可拓集合论是传统集合论的一种开拓和突破.它是描述事物"是"与"非"的相互转化及量变与质变过程的定量化工具,可拓集合的可拓域和关联函数使可拓集合具有层次性与可变性,从而为研究矛盾问题,发展定量化的数学方法——可拓数学和可拓逻辑奠定基础.

可拓逻辑是研究可拓思维形式及其规律的科学,它是可拓论和可拓方法的逻辑基础.

1. 可拓集合与关联函数

我们知道,经典集合的逻辑基础是二值逻辑的排中律,它所表现的是一种非此即彼的逻辑关系.而模糊集合表现的却是一种亦此亦彼的逻辑关系——模糊逻辑,在这里排中律是不存在的,它所研究的范围是界线不分明的模糊领域,它所研究的对象是寻求一个贴近的程度来进一步刻画事物的本质,从模糊中寻找出高层次的精确判断.

但是,模糊集合论与经典集合论都只描述了客观事物矛盾双方的差异,基本上是解决相容性问题,即存在可行解去寻求其解集,或者判定是不相容问题,指出其无解,而没能描述矛盾双方在一定条件下可相互转化,特别是中介过渡物可向矛盾双方转化的现象.事实上,不相容问题不等于无解,也不是一成不变的,从辩证的观点看,不相容问题也可以随条件的变化而转化为相容."可拓集合"正好可以用来描述这种矛盾转化现象,它是物元分析的理论支柱之一.物元分析以事物可转化性的规律为研究对象,并努力把解决不相容问题的思维规律形式化、规范化和数学化,这是数学体系的一次新的扩展,其前景是很可观的.

不同于经典集合与模糊集合的是,可拓集合的哲学基础在于:

在处理不相容问题的思维过程中,最为突出的表现在于以辩证思维为主导的创造性,特别是变通思想及事物可转化性的定量分析,对此,经典数学的工具就显得有些无能为力.在以下准则基础上可以建立可拓集合:

(1) 元素 x 具有性质 P(如合格成品);

(2) 元素 x 不具有性质 P(如废品);

(3) 元素 x 由原来不具有性质 P 变为具有性质 P(如可返工品);

(4) 元素 x 具有性质 P 又不具有性质 P（如半导体）.

所谓在某种限制条件下，对象集 X 上的一个可拓子集 $\tilde{A}$，是指对于任何 $x \in X$，规定了一个实数 $K_{\tilde{A}}(x) \in (-\infty, +\infty)$，用它来表示 x 与 $\tilde{A}$ 的关系，映射：

$$K_{\tilde{A}}: X \longrightarrow (-\infty, +\infty),$$
$$x \longrightarrow K_{\tilde{A}}(x)$$

称为 $\tilde{A}$ 的**关联函数**，且

当 $K_{\tilde{A}}(x) > 0$ 时，表示 $x \in A$，称 $A = \{x \mid K_{\tilde{A}}(x) > 0, x \in X\}$ 为 $\tilde{A}$ 的**经典域**；

当 $-1 < K_{\tilde{A}}(x) < 0$ 时，表示 $x \overline{\in} A$，但在该限制下，x 能变为 $y \in A$，称 $\dot{A} = \{x \mid -1 < K_{\tilde{A}}(x) < 0, x \in X\}$ 为 $\tilde{A}$ 的**可拓域**；

当 $K_{\tilde{A}}(x) < -1$ 时，表示 $x \overline{\in} A$，且在该限制下，x 不能变为 $y \in A$，称 $\dot{A} = \{x \mid K_{\tilde{A}}(x) < -1, x \in X\}$ 为 $\tilde{A}$ 的**非域**；

当 $K_{\tilde{A}}(x) = 0$ 时，称 $J_0 = \{x \mid K_{\tilde{A}}(x) = 0, x \in X\}$ 为 $\tilde{A}$ 的**零界**；

当 $K_{\tilde{A}}(x) = -1$ 时，称 $J_e = \{x \mid K_{\tilde{A}}(x) = -1, x \in X\}$ 为 $\tilde{A}$ 的**拓界**.

记可拓集 $\qquad \tilde{A} = A \cup \dot{A} \cup \dot{A} \cup J_0 \cup J_e.$

可见，可拓集合将全集分为三部分：经典域、非域和可拓域. 可拓域中的元素，本不具备某种性质，但在一定条件下，又可变为具备某性质，即可拓域通过映射、变换可以化不相容为相容.

以上说明，可拓集合与经典集合、模糊集合的差别在于，它"在一定条件下，$x \overline{\in} A$ 可以变为 $x \in A$"，即可以用可拓运算刻画事物的转化关系和规律，这就增强了可拓集合的实用性. 而在可拓集合基础上建立起来的可拓决策方法，将会无疑为促使不相容问题的转化和科学描述客观实际问题，开拓一种新的思维方法与途径，从而为解决经济科学、工程技术与客观世界中各种宏观与微观决策中的不相容问题提供最优决策与满意解.

176

2. 实例

某厂打算引进一条新的生产线,需要投资 2000 万元,但只有流动资金 600 万元. 对于"引进生产线所需金额"若用经典集合描述,则为区间 $[2000, +\infty)$ (单位:万元),其特征函数为

$$\mu(x) = \begin{cases} 1, & x \in [2000, +\infty), \\ 0, & x \in [0, 2000). \end{cases}$$

按上述特征函数所示,少于 2000 万元(即使差一元)亦不属于"可以引进生产线"之例. 可见,用经典集合描述对象集具有很大的不足之处.

显然,为成功引进新生产线,工厂可以通过贷款、合股或向社会集资等方式解决问题. 假设该厂最多可筹集 1500 万元,那么共有 2100 万元(加上原有的 600 万元),此时,就可引进新生产线了.

在此例中,对象集为 $[0, +\infty)$,根据上述分析,它可分为三大域:

第一部分:经典域 $[2000, +\infty)$,当该厂拥有的资金超过或恰好为 2000 万元时,该厂可以引进生产线;

第二部分:可拓域 $[500, 2000)$,当该厂原有资金在 500 万元到 2000 万元之间时,可以通过各种集资方式,筹得所需资金;

第三部分:非域 $[0, 500)$,当该厂原有资金在 500 万元以下时,由于前提是最多只能筹得 1500 万元,所以,工厂不能引进生产线.

关于"可以引进生产线所需资金"的论域就是由以上三部分组成的.

不难看出,关联函数与可拓集合是对"孪生兄弟",上例的关联函数可表为

$$K_{\tilde{A}}(u) = \frac{u - 2000}{1500},$$

其中 u 表示该厂筹集资金总额.

(1) 当 u 属于经典域 $(u \geqslant 2000)$ 时,关联值 $K_{\tilde{A}}(u) \geqslant 0$;

（2）当 u 属于可拓域（500≤u＜2000）时，关联值大于−1，小于 0，即−1≤$K_{\tilde{A}}(u)$＜0；

（3）当 u 属于非域（0≤u＜500）时，关联值小于−1，即 $K_{\tilde{A}}(u)$＜−1.

关联函数具有以下主要特点：

（1）用经典集合描述时，仅从特征函数来看，不能判别金额的大小，而用关联函数描述时，可以区分大小；

（2）当 u 属于可拓域时，表明该厂通过变换条件，可以引进生产线，且从关联值的大小，可以判断可变性的难易度，如由

$$K_{\tilde{A}}(1000)=\frac{1000-2000}{1500}=-\frac{10}{15},$$

$$K_{\tilde{A}}(600)=\frac{600-2000}{1500}=-\frac{14}{15}$$

得知 $K_{\tilde{A}}(1000)>K_{\tilde{A}}(600)$.

以上不等式的含义是原有资金越多，能够筹足 2000 万元的可能性越大.

经典集合，模糊集合，可拓集合的相继产生逐步弥补了人们认识事物的不足，使人们认识问题不断深化. 在模糊集合上确定的隶属函数使人脑思维由传统的二值逻辑发展到多值逻辑，而在可拓集合上确定的关联函数却使人们可以从质和量同时进行研究，进而使得解决不相容问题的结果定量化，促进了不相容问题的圆满解决，开拓了容许一定矛盾前提下的逻辑，即辩证逻辑与形式逻辑相结合的可拓逻辑.

二、不相容问题及其解法

1. 两类不相容问题

现实世界中充满着大量的不相容问题，物元分析是研究解决不相容问题的规律的有效方法. 所谓不相容问题，就是由目的和使该目的不能实现的条件构成的问题. 它包括可拓问题（−1＜

$K_{\overline{A}}(x) < 0)$ 和矛盾问题($K_{\overline{A}}(x) < -1$). 前者表示在某种限制下,该问题为不相容问题,但可以转化为相容问题;后者则不能.

也就是说,现实世界中存在的两类不相容问题,一类是可以解决的(可化为相容),一类则不能至少目前是不可能解决的. 可以解决的不相容问题,某些人之所以不能解决,不是客观不存在可以解决的条件,而是由于主观不认识,不会变通或者错过了时机.

给定称量 200 斤的小秤,要称重达几千斤的活大象,对于曹操的部下来说,这是个不能解决的不相容问题;而对于曹操的儿子曹冲来说,则是个可以转化为相容问题的不相容问题. 再如,切三刀要把一块蛋糕切成八块,或者用六根火柴砌成四个正三角形,对于只有平面概念的人,属于不能解决的不相容问题;而对于具有立体概念的人,则属于可解决的不相容问题.

然而,像"小秤称大象"这一类简单、明确的不相容问题,在现实生活中,尤其是在当今生活中是不多见的. 大量的问题带有不确定性. 例如,如果笼统地问:"有二千元钱要买一台彩电"这是不是一个不相容问题?姑且不说"二千元"是人民币还是外币,就是定为人民币,也还未说明这台彩电是什么型号和尺寸大小,就算定为 21 吋日立牌,也还有个因人、因时、因地的问题. 可见,不相容问题又分为确定的不相容问题和非确定性的不相容问题. 所谓确定的不相容问题,即"在给定的条件下,不能达到预期目的的问题",而非确定性的不相容问题,即条件既不能"给定",目的也不明确的问题. 在此情况下,就须研究组成不相容问题的两个要求——目的和条件,以及如何把非确定的不相容问题转化为确定的不相容问题.

2. 不相容问题的要素

不相容问题与逻辑上的不相容关系是不同的. 前者是研究它的两个要素:目的与条件的关系,而后者却是指两个概念的全部外延都不相同. 要研究不相容问题,必须先弄清它的两个要素:

(1) 目的:即事物所要达到的目标,而目标则是决策方案要达到的目的和标准. 由此可见,目的和目标是难分难解的. 不相容问题的目的应考虑两点：一是这个目的必须是客观存在的；二是这个目的是有利于今后发展的.

(2) 条件：即影响事物发生、存在或发展的因素. 而条件又可分为广义条件和狭义条件. 广义条件是指事物赖以存在和发展的一切因素，其中包括内部的和外部的、精神的和物质的、主要的和次要的. 狭义条件是专指外部条件或客观条件. 此外，还有共同条件和特殊条件、客观条件和主观条件、外部条件和内部条件、顺利条件和困难条件等.

对于不相容问题的条件，有以下三点考虑：

1° 一切事物的转化、问题的解决和物元的变换，都依赖于条件，决定于条件；

2° 所谈及的条件，是指广义的条件；想不到，不认识和不会应用的条件，不等于客观不存在；

3° 创造条件、变换条件，一定要在已有条件的基础上，且要遵循客观规律. 在曹冲称象中，石头之所以能代替大象，是在地心吸引力下两者都具有重量；大船之所以能顶替大秤，是符合阿基米德浮力定律.

(3) 目的与条件所构成的不相容问题.

目的和条件所构成的不相容问题，基本上分为三类：

第一类是目的和条件不一致. 包括相差、相左和相反三种情况. 相差是目的要求高，具备的条件比较差；相左是目的和条件相互不一致；相反是目的和条件相互矛盾、排斥.

第二类是在一定条件下，目的与目的不相容. 包括主目标与次目标、次目标与次目标的不相容. 例如，某人在某个特定条件下，名和利的不相容. 名和利不可兼得，是在某种限制条件下发生的. 因为，归根结底，这仍然是目的和条件的不相容.

第三类是要达到一定目的，条件与条件的不相容. 同样，这也是不相容问题系统内部子系统之间的不相容，但却是表现在条件系统上. 例如，在狭窄的房间里挥舞较长的彩带，难以施展、表现自

180

己的才艺,不会达到预期的目的.但其实质仍是条件与目的的不相容.

3. 非确定性的不相容问题

现实生活中大量存在的非确定性不相容问题,不仅存在于复杂的大系统之中,也出现在简单的问题中.例如,前述的用六根火柴摆出四个正三角形,严格来说也是非确定性的不相容问题,因为没有确定是在平面或是在空间这个条件.

所谓非确定性的不相容问题,即条件确定、但目的不确定或不全确定,或是目的确定、但条件不确定或不全确定,或者目的和条件都不全确定的不相容问题.造成不相容问题的原因是主观对事物类属的不清晰,对事物性态的不确定.由于客观事物的复杂性和主观认识的局限性,除简单的问题和用数学表达式抽象化了的理论问题能够得出确定的不相容问题外,大量现实中的不相容问题都或多或少地带有不确定性.扩大解决非确定性不相容问题的领域,势必可将可拓学提高到一个新的高度.

处理非确定性不相容问题的方法有:

(1)模糊法.非确定性的不相容问题的不确定性,其本质是客观的,但又包含有一定的主观成份.由于人们认识事物受主观、客观条件的限制,只能近似地复现客观事物.或者说总是以确定性的模型去逼近不确定的对象,因而不能不在认识的结果中打上主观性的印记,把本来属于非确定性的不相容问题,视为确定性的不相容问题.例如,上述的用六根火柴摆出四个正三角形,这本来是条件未全部确定的非确定性的不相容问题.但由于平面上办不到就认为它是个(确定的)不相容问题,在空间办到了,又认为解决了不相容问题.模糊法实质是非确定性的问题模糊对待的方法.

(2)择主法.择主法是择取清晰的非确定性不相容问题的主要目的或主要条件,放弃其不清晰的次要目的或条件,使不相容问题明朗化、确定化的方法.例如,某省环保中心要完成 2008 年全省环境投资的决策,由于环境污染投资决策涉及方面广,投资的方向也很多,故这是一个非确定性的不相容问题.但如果抓住水、气、渣三项主要指标,便使问题明确化,并借助物元分析的方法,这一不相容问题就可化为相容.

(3) 分解法.非确定性的不相容问题一般由若干个确定的子集组成.如果把它们分解出来,变成非确定性的不相容问题的并集,就可使非确定性的不相容问题清晰化.

(4) 动化静法.不相容问题在运动变化中,常常带有模糊性.动变静了,就能使问题清晰起来.动化静的方法有二:一是截化,即截取事物运动中的一个断面;二是用比动态的事物更快的速度来观察.

4. 不相容问题的解法及步骤

不是所有的不相容问题都有解,违反自然规律的不相容问题就无解,不具备解决条件的不相容问题,在条件未具备前也没有解.

要解决不相容问题,首先要改变主观状态,包括开阔视野、增长知识、学会联系、变通等,其次是把握变换的几个原则:

(1) 关键性原则.对于不相容问题而言,关键即指起决定性作用的因素,它是主要目标、主要条件、主要矛盾之所在.抓住关键,就等于把握了问题的本质,起到"牵一发而动全身"之作用.

(2) 调和性原则.调和、折衷、妥协是处理不相容问题的一个重要原则.所谓调和,就是要寻找矛盾双方共同利益的交叉点、相互退让点和双方接受度.善于寻找和把握这些点和度,是恰当处理不相容问题的前提.

(3) 互补原则.在不相容问题这个系统中,各个要素之间有着千丝万缕的联系.在体现某种功能时,有的有余,有的不足,以有余补不足,就能最大限度地发挥系统的潜功能,使得本来不相容的问题变成相容.

(4) 适时原则."机不可失,时不再来",解决不相容问题最讲究时机.许多不相容问题,处理早了达不到预期目的;处理迟了,又丧失时机.把握时机,是一种高超的艺术,需要在实践中不断总结和提高.

(5)逆反原则.不少不相容问题,从它的目的或条件的反面去思考,往往能找到问题的症结或起决定作用的因素,这样就等于问题解决了一半.现实生活中,不相容问题常常会遇逆而解,遇反而化.善于逆思也是解决不相容问题的一种有效途径.

总之,解决不相容问题我们应该注意采用灵活变通的方法,使问题沿着我们驾驭的方向发展,进而最终达到解决问题实现预期的目标.

现将本节第一部分实例中的不相容问题解法的基本步骤介绍如下:

第一步:建立问题的物元模型.

目的物元:
$$R_0 = (引进某生产线,金额,2000 万元).$$

条件物元:
$$r_0 = (某厂,流动资金,600 万元).$$

关联度:
$$K_{R_0}(r_0) = K(600) = \frac{600 - 2000}{1500} = -\frac{14}{15} < 0.$$

问题 $W_0 = R_0 * r_0$ 为不相容问题,其中 $W_0 = R_0 * r_0$ 称为该问题的表达式.

第二步:进行物元变换.

$T_r r_0$:变换条件物元,如贷款、集资等.

$T_R R_0$:变换目的物元,如通过价值工程等方法降低成本.
$$T_r r_0 = r = (某厂,资金,x 万元),$$
$$T_R R_0 = R = (引进生产线,金额,x 万元).$$

第三步:计算关联度 $K_R(r)$.

若 $K_R(r) \geqslant 0$,即问题解决;若 $-1 \leqslant K_R(r) \leqslant 0$,待反馈,再作物元变换;若 $K_R(r) < -1$,引进生产线是不可行的.例如:

$$T_r(r_0) = r = (某厂, 资金, 1600\ 万元),$$

$$T_R(R_0) = R = (引进生产线, 金额, 1500\ 万元).$$

此时,关联度

$$K_R(r) = \frac{1600 - 1500}{1500} = \frac{1}{15} > 0.$$

其涵义是:引进生产线的成本降低到 1500 万元,而总共筹集到 1600 万元的资金,因此,关于引进新生产线资金的问题得以解决.

第四步:把物元变换具体化,找出问题的解,进而通过评价,找出问题的最优解.若不合理,再反馈修改变换.

科学技术的发展表明,现代科学已从对事物的研究发展到对复杂大系统的研究,从对单一数值研究发展到多种数值的复合研究,从对单一的定性或定量研究发展到复杂的定性且定量的研究,这就不仅要将研究范围从必然现象扩大到偶然现象,从精确现象扩大到模糊现象,而且还要进一步研究客观世界中大量涌现出来的不相容问题.而基于物元变换的可拓决策正好能以其广泛的研究对象与独特的研究手段逐步形成自己的一套理论与方法,为进一步开拓人们的思路提供一条理想决策的新途径.

思考与练习

1. 何谓可拓决策?可拓决策的基本思想是什么?

2. 何谓物元三要素?何谓物元变换?试叙述物元三要素的四种基本变换.

3. 物元变换的基本运算有哪些?

4. 何谓三四三法?举例说明三四三法在经济管理、环境投资、工程技术等可拓决策中的应用.

5. 何谓可拓集合?可拓集合的哲学基础与意义何在?

6. 可拓集合与经典集合、模糊集合有何区别?

7. 试述解决不相容问题的原则、方法与步骤,并举例说明.

第六章　人工智能计算机辅助决策

随着改革开放的深入发展,各信息决策研究单位积极主动地开展了为政府、地方和企业的决策咨询服务.在大量新的实践活动中,进一步积累了经验,发展了决策方法与手段,开始探索建立有关的信息决策系统,并提供网上信息决策服务.

社会的信息化与科学技术发展带来的信息爆炸,使决策过程涉及的问题日益复杂和多样化,决策研究也成为了一个多层次、多学科、多方位的体系.决策过程正处在一场新的技术革命之中.这场革命不仅与程序化决策有关,而且与非程序化决策也有关,它是一场被称为"探索程序"或"人工智能"技术领域的决策过程技术革命.通过这场技术革命,我们可以取得使所有决策——包括程序化和非程序化的——实现自动化的技术手段.

第一节　程序化决策和非程序化决策

程序化决策与非程序化决策并非截然不同的两类决策,也并不是非此即彼的两种事物,它们之间可以有着一段连续的过渡状态.从模糊数学的观点来看,我们可用隶属函数来衡量一种决策方法是更接近于程序化或者还是更接近于非程序化.从这个意义上来说,"程序化决策"和"非程序化决策"也就只是作为一种标志而已了.

决策可以程序化到呈现出重复和例行状态,可以程序化到制定出一套处理这些决策的固定程序,以致每当它出现时,不需要再处理它们.为什么程序化决策趋向重复性?道理很明显:这是因为若某特定问题反复出现多次,则人们就会制定出一套例行程序来解决它. 我们可以举出大量程序化决策的例子,如发工资,登记考试成绩,等等.

决策还可以非程序化到使它们表现为新颖、无结构,具有不寻常影响的程序. 显然,非程序化决策是无章可循的,这是因为这些问题过去尚未发生过,或因为其确切的性质和结构尚捉摸不定,或因为其十分重要而需要用现裁现做的方式加以处理等等. 我国决定在深圳建立经济特区,就是非程序化决策的一个极佳例证.

我们从计算机科学借来了"程序"一词,并按其原意加以使用. 程序即一种战略,或是一种详尽的战略指示,它控制该系统对某复杂工作环境作出一系列反应. 虽然多数控制组织的反应程序都不如计算机程序那么详尽和精确,但其目的亦相同,即允许该系统对环境给出适应性反应. 不容置疑,肯定有某种因素对反应起决定作用,而此因素就是一整套对过程的规定,也称为"程序".

那么在何种意义下,我们可以说某系统对某环境的反应是非程序化的呢? 所谓"非程序化",也是指一种反应:此种反应是指某系统处理目前环境时,不具备特定的过程,于是该系统就必须求助于它所具有的一般的理解、适应和对问题所采取的行动. 而对于非程序化的决策问题,无论它如何新奇和复杂,人们总能对其目的与手段进行推理研究,进而可以找到解决问题的途径与策略,使得某些解决不了的问题得以解决.

为了降低使用通用程序解决问题的费用,一般我们应将这些程序保留下来,用以对付那些确是新奇的、没有别的程序可用的环境. 假如某种特殊类型的环境重复出现,就应当编制某种专用程序,来提供较好的解决方案,提供出比解决通用问题的装置更为便宜的方案来.

区分程序化决策与非程序化决策的主要依据是,在解决我们决策制定中的这两个方面的问题时,采用的是不同的技术. 这种区分,对划分这种技术的类别是适合的. 两种决策类型的比较如表6-1 所示.

表 6-1 两种决策类型的比较

决策类型	决策制定技术	
	传统式	现代式
程序化决策的特点：常规性、反复性决策，组织为处理上述决策而研究制定的特定过程	1. 习惯； 2. 事务性常规工作；标准操作规程； 3. 组织结构：普通可能性，次目标系统，明确规定的信息通道	1. 运筹学、数学分析、数学模型、电子计算机模拟； 2. 电子数据处理
非程序化决策的特点：单射式、新奇复杂、结构不良、新的政策性决策等	1. 判断、直觉和创造； 2. 概测法； 3. 管理者的遴选和培训	探索式问题解决技术，适用于： 1. 培训人类决策制定者； 2. 编制探索式计算机程序

第二节　传统化决策的制定方法

一、程序化决策的传统技术

习惯是制定程序化决策的全部技术中最为普通和盛行的技术. 组织成员们的集体记忆是实际知识、习惯性技能和操作规程等方面的庞大的百科全书. 一些组织机构招收新成员所用的庞大开支，主要是用在通过正式培训和体验，进而为新成员提供他们工作所需要的全部技能和习惯. 这种"习惯技能"部分是由组织提供的，部分是通过选用已具有一些习惯技能的新成员而取得的. 而这些新成员则是在社会经办的教育训练中学到这些习惯技能的.

与习惯密切相关的是标准操作规程. 两者唯一的区别在于：前者已经内在化了，已经记录在人们的中枢神经系统里；而后者则刚刚形成为一种正式书面形式记录下来的程序.

标准操作程序提供了一种教育新成员适合于习惯性组织活动模式的手段,提供了一种提醒旧有成员注意哪些不常使用而至今仍未完全变成他们习惯的模式的手段,提供一种将习惯模式公之于众,经受检查,修正和改进的手段.

在标准操作程序之上的组织结构本身,就是一种对决策制定的不完全的论述说明.组织结构规定了一套关于组织的哪些成员将对哪些类型的决策负责设想和预断.组织结构也规定出一套次要目标结构,在组织的各部门起选择标准的作用.同时组织结构也在组织内设立特别的情报责任单位,以便对组织环境的某些特殊部分进行审核,并将需要的事件通知适当的决策点.过去在组织中,程序化决策制定的改进大部分集中在下述技术上:通过训练和有计划的轮换工作,提高个别成员的知识、技能和习惯,研制较好的标准操作规程,并保证其坚持使用,修改组织本身的结构,修订劳动分工,修改次要目标结构和责任分配.

而 20 世纪初开始的科学管理运动,使许多年来人类用以发展和维持组织对环境提出的重复性的、结构良好的问题的预见性程序化反应技术得到了进一步发展,即对那种进行重复工作的标准方法的发展.

二、非程序化决策的传统技术

在非程序化决策的传统技术中,组织的管理者通常都是通过某种方式由经验、洞察力和直觉来作出"判断"、制定非程序化决策.然而,当决策是一个极大的难题,或者是一种将产生极大深远影响的决定性决策时,则这种决策是需要具有创造精神的.

正如对某种现象起名字,不等于对之加以解释一样,我们说制定非程序化决策是行使"判断"的结果,只不过是给现象起个名字,并不是去解释它.这并不能给那种想制定决策又缺少"判断力"的人(即不会制定决策的人)以任何帮助.

制定程序化决策依靠的是较为简单的心理过程和逻辑推理,

这种过程至少在实用水平上可让人理解.这包括理解、记忆、对事物和符号的简单控制,而制定非程序化决策所依靠的是到目前为止人们还尚不了解的心理过程.正因为我们还不了解这种心理过程,所以有关非程序化决策的理论就显得很空泛,而我们提供的一些实用建议,也只能说在某种程度上有所助益而已.

关于制定非程序化的决策,一个值得注意的问题是,如何通过某种有条理地思考训练改进这种决策.人们除了在做某些特定工作时所得到的极为特殊的习惯技能外,当面临一种模糊而困惑的局面时,还可能养成提问的习惯.我们甚至可以为制定决策建立一个相当概括的操作规程.军事上对"形势的估计",就是这种操作规程的例证.

为了进一步提高管理者在组织的决策制定工作中(程序化和非程序化的)的水平,如何依靠"选拔人才"这一主要技术来提高其决策制定技能也是很重要的.一般我们可以采用两种培训方式来作为"选拔人才"技术的补充.一种是在入选人员进入组织前,在基本原理方面给予专业性培训,另一种是企业本身提供的,使入选人员通过亲身体验和有计划的工作轮换受到培训.有时还可委托高等院校进行高级管理培训来作为后一种培训的补充.一个善于学习的人,总是能通过学习与实践来不断提高其决策技能的.

适宜的组织结构设计将有助于非程序化决策以及程序化决策的制定.企业设计在某种程度上使得程序化活动有排斥非程序化活动的倾向.如果一位管理者担负着一项具有程序化决策和非程序化决策的混合职责的工作,则其前一种职责将会把后一种职责挤掉.现代化的组织,需要通过建立一种特定的组织职责和组织单位来管理非程序化决策的制定.具有各种各样的参谋职能单位,这是现代化组织的特点.这些单位多数都是一些专门研究某些较为复杂的非程序化决策制定任务的单位.如我们相继成立的各种政策研究室,就是担负这样一种职能的单位.

总之,到目前为止,我们还未能获得对在复杂情况下制定决策所包含的各种过程的足够认识. 人类的思维, 解决问题和学习过程等还一直是一个有待进一步认识的过程, 我们只能标上名称, 还未能加以深入说明. 由于缺乏对这方面工作的理解, 我们不得不求助于一些传统技术来提高非程序化决策制定工作. 例如, 选用一些在这方面崭露头角的优秀人才; 进一步通过专业训练和有计划的实践体验来发展他们的才能; 通过建立专门的组织单位, 以保护非程序化活动不受重复性活动的干扰, 等等. 我们不能断言这些传统技术是无能的, 因为组织里每天都在制定决策. 但可以断言, 随着人们对决策制定过程认识的不断提高, 决策过程将会进一步向信息化与最优化的深度纵深发展.

第三节　程序化决策的新技术

第二次世界大战使许多受到数学应用训练的科学家们首次接触到了运筹与管理问题. 军用飞机的设计者们如果不能设想出飞机编队的队形和投入战斗时所采用的战略, 就不能筹划出飞机武器装备的数量. 负责物质分配的经济学者不得不钻研掌握复杂的军事后勤系统. 解决这类问题的紧迫性, 以及科学工作者和经济学者带来的计量分析工具, 共同导致了某些管理工作新方法的产生, 从而使程序化决策制定中使用的方法发生了根本性的变化.

"运筹学"与"管理科学"在词义上几乎可以互换, 两者都是指如何将"条理性分析法"(常常包括复杂的数学工具)运用于管理决策的制定, 特别是如何适用于程序化决策的制定. 从更加哲理性的水平来看, "运筹学"可以被看成是科学方法在管理问题上的应用. 而在这一意义上, 还表示出它是早期科学管理活动的一种继续.

从历史上来看, "运筹学"和"管理科学"并非源于科学管理或工业工程. 作为一种社会运动, "运筹学"是随着第二次世界大战军事的需要应运而生的, 从此便将管理方面的决策制定问题置于大量自然科学家, 特别是教育学家和统计学家的兴趣范围之内. 不久,运筹学家又和已经进入同一领域的数理经济学家合作进行研究,推进了管理决策的进一步发展.

"运筹学"给管理决策带来了一种系统方法的观点,即从整体来考虑问题的观点.更具体而言,就是注意设计系统的各个组成部分,并且按照系统是一个整体的含义在各个分系统内制定单个决策.其大概的工作过程如下:

首先是经济分析,而经济分析与由相互作用的各成分构成的复杂系统内的合理行为有关,特别是与分系统的最优选择有关.经济分析与价格系统也有很大关系,价格系统是一种可在不忽视分系统间相互作用的条件下分散制定决策的可能的机制体系.

其次是数学家、工程师和经济学家开发了数学技术,并使之适用于分析复杂系统的动态行为.这种技术在第二次世界大战期间得到了迅速发展,此后又发展到现在普遍使用的"动态规划".以上技术在设计动态系统中具有广泛应用.

"运筹学"研究的内容非常广泛,其中包括线性规划、动态规划、整体规划、博弈论、"贝叶斯"决策、排队论、更新论、搜索论、统筹法、优选法、投入产出法、蒙特卡洛法、价值工程和概率论等,都在管理决策中有着广泛的应用.例如线性规划可为炼油厂的生产作业提供一个科学的数学模式;动态规划可为许多库存问题和生产计划问题提供一个合理的动态规划模式;整体规划特别适用于一些具有分离式解决方案的调度问题的研究;博弈论模式可用于对市场等问题的深入研究;排队论已被广泛用于处理调度任务和其他包含有排队等待的问题;而"贝叶斯"决策提供的模式则可在结果不确定的情况下,在各种备选方案中作出最优选择;等等.

然而,不管采用何种特殊的数学工具进行管理决策,都必须注意:

(1) 建立既能满足所用数学工具条件、又能反映研究对象(如管理环境)重要因素的合理的数学模型;

(2) 规定一个基准函数,作为对各种可能行动方案相对优劣进行比较的一种量度；

（3）概算出该模型中说明其特定具体情况的数学参量；

（4）进行数学运算，以求出行动方案. 其中注意为了适合于特定参量值的这个方案，要使基准函数达到最大值；为了能使计算有效进行，每一运算都要与计算程序相连.

至此，在任何成功地应用上述方法的决策制定中，我们实际上就已经为组织决策编制了一个程序. 除了对程序化决策提供技术外，运筹学还可将程序化决策制定的范围扩大到非程序化决策制定的领域中去，或能在数学模型的范围内给我们提供最优决策的更为高级的程序来取代概测法（即用概率测算模型中参数的方法）.

当然，将数学方法应用于决策问题，首先应使诸数学变量能合理代表研究对象的重要因素，进而才可规定一个量化了的基准函数. 其次，模型结构的参量，须在模型被应用于某研究场合之前进行评价——即一种对模型中待估参数的精确的数字评价. 第三，模型的规格要适合于所使用的数学工具. 如某些非线性系统只能用非线性方法去描述，而不能用线性规划的方法去研究，因为线性规划这个工具，在某种意义上讲仅限于研究线性数学系统.

现代数字计算机的诞生极大地促进了管理决策科学的发展. 如果某种模型或者对某种问题的模拟，可以编成计算机程序，则该系统的行动就可以简单地通过计算机的模拟来加以研究，这在传统分析的意义上来说，就是不用求解数学方程本身. 当然模拟过程要比上述作法复杂些. 一般而言，我们需要的不是在单独一组条件下来模拟某系统的功能，而是在整个一系列条件下的模拟. 在模拟之后，我们需要某种过程来评价其结果，以决定该系统的功能是否令人满意. 而在模拟之前，我们还应注意对该系统的结构进行精确估计. 尽管如此，模拟技术已经在管理决策领域中发挥了巨大的作用，如在能源配备、交通运输、库存贮量等一系列管理决策中都已取得了丰硕成果. 从实用角度来看，模拟技术不需要最优解决方案,它只要求比用常识和判断去完成的结果更好一些即可.在许多场合下,模拟技术也只能达到这种目的.

程序化决策的革命尚未发展到其顶点,但我们仅从以下几方面的相关变革足可设想其将来的发展趋势会是十分乐观的.

(1) 电子计算机的使用,已经使得过去属于职员工作范围内的那些常规的程序化决策的制定和数据处理,迅速实现了高度自动化;

(2) 随着我们愈来愈多地将运筹学工具用于以前靠判断力的决策,程序决策化的领域在迅速增大;

(3) 计算机已将数学技术的适用能力扩展到了一些很大的计算设备解决的问题上,并且通过提供新的模拟技术已进一步将可程序化的决策范围加以扩展;

(4) 将制定聚合中层管理量变决策的数学中的技术与各办公室为具体贯彻上述决策所使用的数据处理技术结合起来,逐步实现办公室自动化.

第四节　人工智能与专家系统

信息决策是经济领域中的一个重大课题,计算机技术的引入及信息技术的广泛应用,为信息决策的发展提供了新的手段.一方面计算机数据处理技术的发展和推广应用,使信息决策中的许多问题可以借助于计算机来进行处理,而且,一些复杂的决策问题在采用定量分析时,因其多因素和非线性,过去难以对付,现在则可以用数值方法加以解决,从而可使决策过程中的大量问题可以找到有效的解决方案;可是,信息处理手段的进步和大量新型信息传媒的出现,却又造成了信息时代的信息爆炸,而使得许多企业的决策家们不得不面对日益增多、错综复杂的信息而难以抽身,对此,在寻求解决方案时,自然而然地就要依赖于包括专家系统、自然语言理解系统、决策支持系统、模式识别系统、机器人系统在内的人工智能工程系统,并通过智能机器人感知到的各种环境状态、信息及变化,及时作出适当的分析、综合、计算、推理、联想、判断、预测、估计、规划与决策,以便能够实现一系列的预期目标.

一、人工智能的研究目标与作用

现代人工智能是近 40 年发展起来的一门综合性边缘学科,目标是研究如何利用计算机等现代化工具设计一种系统来模仿人类的智能行为,使之具有认识问题与解决问题的能力,并能延伸人们的智能.

人工智能发展至今,已经形成了一整套的理论与方法,这些理论与方法已经在专家系统、自然语言处理、模式识别、人机交互、智能信息处理与决策、信息检索、图像处理、数据挖掘以及知识管理(企业管理的未来发展方向)等各个人工智能的应用领域发挥着巨大的作用.而在众多的人工智能应用领域中,专家系统又是近 30 年发展起来的一种极富代表性的智能应用系统.

二、什么是专家系统

所谓专家系统,就是一种包含知识和推理的人工智能的计算机程序系统,这些程序软件具有相当于某个专门领域的专家的知识和经验水平,同时具有处理该领域问题的能力.

专家系统的能力来自于它所拥有的专家知识,而知识的表示和推理的方法又提供了应用的机理.这种基于知识的系统设计方法是以知识库和推理机为中心而展开的.这就是说,

$$知识 + 推理 = 系统,$$

而传统软件的结构是

$$数据 + 算法 = 程序.$$

但应注意的是,专家系统所要解决的问题一般没有基本算法,并且通常要在不精确、或不确定、或不完全的信息条件下进行推理,最终作出结论.专家系统是应用人工智能技术和计算机技术进

行推理和判断,进而模拟各行各业的专家解决问题和进行决策,它的独到之处便是能求解那些只有专家才能求解的高难度的复杂问题.

三、专家系统的特征

专家系统既不同于传统的应用程序,也不同于其他类型的人工智能问题求解程序.

1. 专家系统区别于传统应用程序的主要特征

(1)从总体上说,专家系统就是一种属于人工智能范畴的计算机应用程序,人工智能学科的各种问题求解技术原则上都适用于专家系统.因此,专家系统所使用的问题求解方法不是传统应用程序的算法,而是用启发法或弱方法.与此相适应的,专家系统求解的问题不是传统程序求解的确定的定规类问题,而是不良结构的问题或不确定性问题.

(2)从内部结构看,专家系统的解题程序由三要素组成:即描述问题状态的综合数据库或全局数据库,存放启发式经验知识的知识库,以及对知识库中的知识进行推理的推理机.三要素依次对应于数据级、知识库级和控制级等三级知识.其中,数据级知识与传统程序中的数据大致相当.除数据级知识外,专家系统把那些指出如何进行问题求解的每一经验知识通过产生式规则等知识表示语言显式地表示出来,并组织在一种称之为知识库的独立模块中,而把关于知识库知识如何使用的控制性知识以某种比较通用的模式编制在称为推理机的执行程序中.这里,知识库与领域关系密不可分,需要经常查阅和修改.而推理机相对固定,知识库的修改一般不会影响到执行程序的变动.这种知识库与推理机分离的结构,极大地增强了系统的灵活性,方便了知识库的不断扩充和完善,适应于专家系统的增量式设计方法.传统应用程序只有数据级和程序级两级结构,它把描述算法的过程性计算信息和控制性判断信息合二为一地编码在程序中,缺乏专家系统的那种灵活性.

（3）从外部功能看，专家系统模拟的是专家在问题领域上的推理，而不是模拟问题领域本身。通过建立数学模型去模拟问题领域，这是一般传统应用程序的任务。从模拟对象的不同，足以把专家系统从传统应用程序中区分出来。当然，专家系统并不试图建立关于专家的心理学模型，而仅仅致力于仿效专家的问题求解能力。

2. 专家系统区别于其他人工智能问题求解程序的主要特征

（1）从应用目标看，专家系统处理的问题都属于现实世界中通常需要专家的大量专门知识才能解决的复杂问题，专家系统作为一种实用的软件，必须可靠地工作，在合理的时间内对求解的问题提供可用的解答，并为人们带来真正的经济效益和社会效益。许多经典人工智能程序，如下棋程序和定理证明程序，往往是从纯学术技术目的出发而研制的一种实验性研究工具，只求解抽象的数学问题、逻辑问题或简化了的实际问题。

（2）从求解手段看，专家系统的高性能是通过牺牲问题求解的通用性换来的。一方面，它把求解的问题领域局限在比较狭窄的特定专业领域中；另一方面，比起一般人工智能程序比较注重的通用弱方法来，比起形式化的推理方法和搜索技术来，专家系统更强调特定领域中来自专家的具有很强启发能力的专门知识，包括特定领域问题求解所特有的过程性专业知识和控制性策略知识。专家系统所拥有的这种启发式知识的质量和数量，决定着系统的性能，也直接影响到问题求解的效率。

（3）从用户界面看，专家系统不仅能给出智能的建议或决策，而且有能力以用户直接理解的方式解释和证明自己的推理过程。专家系统的这种解释机制为各类用户提供了一种透明的界面。问题领域的专家能够借此检验系统所用的知识是否合理，软件设计者能够借此调试知识库和执行程序的正确性，一般用户可以从中学习推理知识和理解推理的结论。其他应用程序经常被用户视为神秘莫测的"黑箱"或"灰箱"。专家系统的这种透明界面，大大提高了用户对系统求解复杂问题所得结论的可接受性。与解释机制相联的是,专家系统还具有很强的人机交互功能,它能同各类用户一起,构成高性能的人机共同思考的系统.

如果与人类专家比较,专家系统还具有人类专家所不及的许多优良特性.作为一种计算机软件,它精度高、速度快,在许多方面能比人类专家更准确、迅速而无遗忘地工作;作为社会财产,它不受时间、空间的约束,它不怕疲劳,一天可以工作 24 小时,而且系统容易复制和移植,各类经验知识容易代代相传和向四处传播;它的机械化工作也不受环境的干扰,不存在麻痹、紧张、偏见等不利心理因素的影响.如果我们把多个人类专家的有用知识汇集起来,组织到一个系统中,这样的系统性能就完全有可能超过单个人类专家.所以,专家系统利用计算机的优势,可以延伸和扩大人类专家的问题求解能力.

术语"基于知识的智能计算系统"有时用作专家系统的同义语.但严格地说,基于知识的系统比较广义.只要是运用符号表示的经验规则或知识,而不是运用算法或统计方法来执行任务的任何系统,都可以叫做基于知识的系统,不管系统拥有的这些知识是普通知识还是专门知识.

总之,专家系统是使用某个领域的实际专家天天使用领域知识来求解问题,而不是用那些从计算机科学或数学中导出的与领域关系不大的方法来求解问题.通常,它适合于完成那些没有公认的理论与方法、数据不精确或信息不完整、专家短缺或专门知识十分昂贵的诊断、解释、监控、预测、规划和设计等任务.

四、专家系统的结构

专家系统的结构是指专家系统各个组成部分的构造方法和组织形式.图 6-1 便是专家系统的一个简化结构图.在实际使用的各个不同的专家系统中,由于不同的应用领域和应用目标,往往需要采用不同的系统结构.对此,我们可以根据具体情况,在系统的简化结构图上,进行相应调整:或简化、或细化、或删除、或增加某些

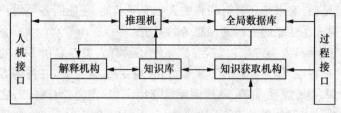

图 6-1 专家系统简化结构图

部分.在基本结构中,专家系统主要包括下述几个部分:

1. 知识库

知识库是专家系统的核心组成部分,用于存取和管理问题求解所需的专家知识和经验,包括广泛共有的事实、可行操作与规则等.通过知识库管理系统,可以实现对知识库知识存取、检索、编辑、修改和知识更新以及维护等功能.一个专家系统的能力很大程度上取决于其知识库中所含知识的数量和质量.知识库的建造包括知识获取和知识表示.知识获取要解决的问题是如何从专家那里获得专门知识;而知识表示则要解决如何用计算机能理解的形式来表达所获取的专家知识并存入知识库中.

2. 全局数据库

全局数据库又称综合数据库或简称数据库,它是问题求解过程中符号或数据的集合,也称工作存储器.它用于存储求解问题所需的原始数据和推理过程中得到的中间信息(数据),包括原始信息、推理的中间假设和中间结论、推理过程的信息等.因此,数据库中的事实可以而且也是经常变化的.

在描述数据库的结构时,常会用到黑板这一概念.黑板是沟通系统中各个部件的全局工作区.它以全局性的数据结构形式,组织问题,求解数据,处理知识源之间的通信.黑板模型可以分为若干个信息层,每一层用于描述问题的某一类信息.各个信息层之间形成一个松散的层次结构,高一层的黑板元素可以近似地看成是下一级若干个黑板元素的抽象.根据需要黑板还可以划分为一系列

198

子黑板. 在某些系统中数据库就是黑板,其意义是强调了它用来记录推理过程中用到的控制信息、中间假设和中间结果. 有些系统中黑板是数据库的一部分, 有些系统中将黑板独立于数据库之外. 在简单的系统中,经常省略黑板.

3. 推理机

推理机是专家系统的组织控制机构. 在推理机的控制和管理下,整个专家系统能够以逻辑方式协调地工作. 它可以根据用户的输入数据,利用知识库中的知识,在一定的推理策略下,根据数据库的当前状态,按照类似专家水平的问题求解方法,进行分析、判断、作出决策,推出新的结论或事实,或者执行某个操作. 推理机的程序应符合专家的推理过程,而与知识库的具体结构和组成无关,即推理机与知识库是分离的,这是专家系统的重要特征. 它的优点是对知识库进行修改和扩充时,无需改动推理机.

4. 解释机构

解释机构负责对求解过程作出说明和解释,回答用户的提问,并使用户了解推理过程及其所运用的知识和数据. 解释机构在工作中通常要用到知识库中的知识、数据库推理过程中的中间结果、中间假设和记录等. 专家系统的透明性主要取决于解释机构的性能. 解释机构已成为故障诊断、生产操作指导等实时专家系统的重要输出通道.

5. 知识获取机构

知识获取机构负责建立、修改与扩充知识库,以及对知识库的一致性、完整性等进行维护. 知识获取机构具有知识变换手段,能够把与专家对话的内容变换成知识库的内部知识,可以进行修改知识库中原有知识,增加新的知识. 知识库中的知识可以通过"人工移植"和机器学习的方法获得. 所谓"人工移植"即专家系统的设计者通过与专家交谈,将专家的知识分析整理后,以计算机能理解的形式输入知识库;而机器学习是指知识获取机构通过用户对每次求解的反馈信息,自动进行知识库的修改和完善. 并可在求解过程中自动积累,形成一些有用的中间知识,自动追加到知识库中去,实现专家系统的自学习.

6. 接口

接口又称界面,是用户与系统的信息传递纽带,为用户使用专家系统提供一个友好的交互环境.它可以完成用户到专家系统、专家系统到用户的双向信息转换,使系统与用户间能够进行对话,用户能够输入数据,提出问题,了解推理过程及推理结果;系统可通过人机接口,回答用户提出的问题,进行必要的解释.现在,多媒体的人机接口是最有效的形式.

从专家系统的基本组成可以看出,它的核心部分是知识库、数据库和推理机构.因此,要设计一个专家系统,主要应解决这三方面的问题.

五、专家系统的类型

我们知道,研制实用的、高性能的专家系统是当前人工智能研究的一项主要任务,而与此同时,我们还应重视专家系统的分类研究.因为如果其分类合理,在求解问题时,我们便可引用有关专家系统,为问题的求解提供快捷准确的处理方式;同时,相邻学科应用问题的知识库有很多相同的规则和知识,在设计知识库时,如果能直接引用或共享,则能节约开发时间.

对于专家系统的分类,可以按照不同的角度进行,如按应用领域分类,可分为医学、地质等;按执行任务分类,可分为解释、预测等;按实现方法和技术分类,可分为演绎型、工程型等.这些分类都有交叉.若按执行任务分类,可把专家系统分为下列几种类型:

(1) 解释型.这类专家系统能处理不完整的信息及有矛盾的数据.由分析和解释所采集到的数据和信息,找出与之一致的、符合客观规律的解释,进而确定它们的实际含义.典型的有:信号理解、图像分析和化学结构解释等专家系统.

(2) 诊断型.这类专家系统可以根据输入信息推断对象存在

故障的原因.主要包括医疗诊断、电子机械诊断和材料失效诊断等.都是通过处理对象内部各部件的功能及其相互关系,找到可能的故障所在,包括多种并存故障.

(3)预测型.这类专家系统可以根据对对象的过去和现在已知状况的分析,推测未来的演变结果.典型的有:人口预测、财政预测、交通预测、军事预测和天气预报等,都是进行与时间有关的推理,处理随时间变化的数据和按时间顺序发生、发展的事件.而且,这类专家系统也能处理不完整信息.

(4)维修型.这类专家系统可以对发生故障的对象进行处理,使其恢复正常工作.典型的有:航空和宇航电子设备的维护等,如计算机网络专家系统、有线电视维护修理专家系统等都是根据纠错方法的特点,按照某种标准从多种纠错方案中制定代价最小的方案.

(5)调试型.这类专家系统可以根据处理对象和出现故障的特点,给出故障的排除意见和方法,从多种纠错方案中选择最佳方案.该类型主要用于计算机辅助调试系统,也可用于维修站进行被修设备的调整与试验.

(6)教育型.这类专家系统主要用于教学和培训任务.可根据学生的特点,辅导学生学习和处理学生学习中存在的错误.

(7)设计型.这类专家系统可根据给定要求,提供最佳设计方案或图样描述.典型的有:电路设计、生产工艺设计、计算机结构设计、自动程序设计等专家系统.

(8)规划型.这类专家系统可根据给定的目标,在一定的约束条件下,不断调整步骤,拟定行动计划,最终以较小的代价达到给定的目标.典型的有:机器人动作规划与交通运输调度等专家系统.

(9)监督型.这类专家系统通过随时收集被控对象的数据,建立其特征与时间变化的数据模型,用于对系统或过程的行为进行观察,并与其应当具有的行为进行比较,如发现异常,则发出报警.典型的有：防空监视、国家财政的监控和电站监控等专家系统.

（10）控制型.这类专家系统可完成按要求对受控对象进行管理的全面行为,即自动控制系统的全部行为.通常用于实时控制型系统.典型的有：商场管理监控、战场指挥和自主机器人控制等专家系统.

以上 10 种类型的专家系统的相互关联关系及按任务分类的层次结构如图 6-2 所示.

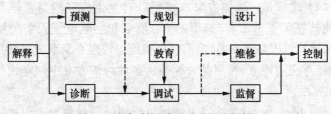

图 6-2 专家系统按任务分类的层次结构

有些专家系统常常完成几种任务,然而,不管专家系统完成何种性质的任务,就其问题领域的基本操作而言,专家系统求解的问题都可分为分类问题和构造问题.求解分类问题的专家系统称为分析型专家系统,广泛用于诊断、解释和调试等任务;求解构造问题的专家系统称为设计型专家系统,广泛用于规划、设计等任务.

人工智能与专家系统有着极其诱人的目标,并正在向着更为健康更加成熟的方向发展.现在,人工智能计算机辅助决策的水平已经有了很大的提高,其应用范围也在不断深入与拓广.

在当今的信息社会中,随着科学发展的高度分化和高度综合以及系统论、信息论、控制论的产生与发展,科学决策的"开拓型思维方式"正在成为一种系统网络的思维方式,科学决策将会成为一个创造性思维与创造性工程的过程,可以说,这是一个辩证唯物的"开拓型思维方式"的阶段性飞跃.可以预言,随着信息社会的不断发展以及信息高速公路和多媒体等计算机主流技术的新突破,人工智能与专家系统的研究必将进一步活跃起来,并将结出更加丰硕的成果.

思考与练习

1. 何谓程序化决策? 程序化决策有何特点?

2. 何谓非程序化决策? 非程序化决策有何特点?

3. 程序化决策与非程序化决策的制定技术有何不同?

4. 试叙述程序化决策与非程序化决策的传统技术.

5. 试叙述现代程序化决策思想、方法与数学工具的新发展.

6. 如何将数学方法与数字电子计算机合理应用于程序决策?

7. 试叙述人工智能的研究目标与作用.

8. 什么是专家系统? 它有哪些基本特征?

9. 专家系统由哪些基本部分组成? 每一部分的主要功能是什么?

10. 专家系统的主要类型有哪些? 试叙述它们的主要特点与功能.

思考与练习题参考答案

第 二 章

13. (1) 选 A_1；　　(2) 选 A_3；　　(3) 选 A_1；　　(4) 选 A_2.

14. (1) 扩建原厂 A_1；　　(2) 扩建原厂 A_1；　　(3) 同(2).

15. 当 $P<0.3$ 时,方案 A_3 具有最大期望值;当 $0.3<P<0.7$ 时, 方案 A_2 最优;当 $P>0.7$ 时,方案 A_1 最优.

16. (1) 0.5714,0.4286,0.1818,0.8182.

(2) 当调查结果为 X_1 时,则选择 A_2;当调查结果为 X_2 时,则 选择 A_1.

第 三 章

2. 二者均为不确定现象,对其度量均在 $[0,1]$ 中取值. 随机事件是 清晰集,不确定性表现在其出现与否的不确定,概率表示随机 事件发生的可能程度;模糊概念的外延是模糊集,不确定性表 现在由于边界模糊而造成集中元素的不确定,隶属度表示元素 隶属于模糊集的程度.

3. $A \cap B = \dfrac{0.2}{x_1} + \dfrac{0.5}{x_2} + \dfrac{0.1}{x_3} + \dfrac{0.5}{x_4} + \dfrac{0.2}{x_5}$,

$A \cup B = \dfrac{0.7}{x_1} + \dfrac{0.8}{x_2} + \dfrac{0.4}{x_3} + \dfrac{0.6}{x_4} + \dfrac{0.8}{x_5}$,

$\overline{A} = \dfrac{0.8}{x_1} + \dfrac{0.5}{x_2} + \dfrac{0.9}{x_3} + \dfrac{0.4}{x_4} + \dfrac{0.2}{x_5}$,

$\overline{B} = \dfrac{0.3}{x_1} + \dfrac{0.2}{x_2} + \dfrac{0.6}{x_3} + \dfrac{0.5}{x_4} + \dfrac{0.8}{x_5}$.

4. (1) $B \subset A$ 成立;

(2) $C \subset B$ 不成立;

(3) $D = \overline{B}$ 不成立.

5. (1) 不滞销商品模糊集

$$\underset{\sim}{D} = \underset{\sim}{A}^C = \frac{0}{u_1} + \frac{0.9}{u_2} + \frac{1}{u_3} + \frac{0.4}{u_4} + \frac{0.5}{u_5} + \frac{0.6}{u_6}.$$

(2) $\underset{\sim}{C} \subseteq \underset{\sim}{D}$. 此式的实际意义是："畅销商品"是"不滞销商品"的一部分,是重要部分,$\underset{\sim}{C}$ 占的比重越大,则经济效益越好.

(3) 既脱销又畅销的商品模糊集

$$\underset{\sim}{B} \cap \underset{\sim}{C} = \frac{0}{u_1} + \frac{0.1}{u_2} + \frac{0.6}{u_3} + \frac{0}{u_4} + \frac{0}{u_5} + \frac{0.05}{u_6}.$$

7. $\underset{\sim}{A}^2 = \begin{bmatrix} 0.8 & 0.7 & 0.8 & 0.5 \\ 0.2 & 0.3 & 0.2 & 0.2 \\ 0.6 & 0.3 & 0.6 & 0.5 \\ 0.6 & 0.6 & 0.2 & 0.1 \end{bmatrix}$; $\quad \underset{\sim}{B}^2 = \begin{bmatrix} 0.6 & 0.5 & 0.6 & 0.7 \\ 0.6 & 0.5 & 0.7 & 0.6 \\ 0.8 & 0.3 & 0.3 & 0.3 \\ 0.6 & 0.5 & 0.7 & 0.3 \end{bmatrix}$;

$$\underset{\sim}{A} \circ \underset{\sim}{B} = \begin{bmatrix} 0.6 & 0.5 & 0.7 & 0.8 \\ 0.3 & 0.2 & 0.3 & 0.2 \\ 0.7 & 0.5 & 0.6 & 0 \\ 0.7 & 0.3 & 0.6 & 0.6 \end{bmatrix};$$

$$\underset{\sim}{B} \circ \underset{\sim}{A} = \begin{bmatrix} 0.6 & 0.7 & 0.6 & 0.5 \\ 0.7 & 0.6 & 0.7 & 0.5 \\ 0.3 & 0.8 & 0.6 & 0.3 \\ 0.8 & 0.3 & 0.8 & 0.5 \end{bmatrix}.$$

8. $\underset{\sim}{R}_1 \circ \underset{\sim}{R}_2 = \begin{bmatrix} 0.6 & 0.3 \\ 0.3 & 0.3 \\ 0.8 & 0.3 \\ 0.4 & 0.3 \end{bmatrix}.$

9. $\underset{\sim}{R}^2 = \underset{\sim}{R}^4 = \begin{bmatrix} 1 & 0.6 & 0.4 \\ 0.6 & 1 & 0.4 \\ 0.4 & 0.4 & 1 \end{bmatrix}$, $\underset{\sim}{R}^* = \underset{\sim}{R}^2$.

$$R_1^2 = \begin{bmatrix} 1 & & \\ & 1 & \\ & & 1 \end{bmatrix},$$ 相应分类为 $\{\text{I}\},\{\text{II}\},\{\text{III}\}$；

$$R_{0.6}^2 = \begin{bmatrix} 1 & 1 & \\ 1 & 1 & \\ & & 1 \end{bmatrix},$$ 相应分类为 $\{\text{I},\text{II}\}$；

$$R_{0.4}^2 = \begin{bmatrix} 1 & 1 & 1 \\ 1 & 1 & 1 \\ 1 & 1 & 1 \end{bmatrix},$$ 相应分类为 $\{\text{I},\text{II},\text{III}\}$.

聚类分析图如下图所示：

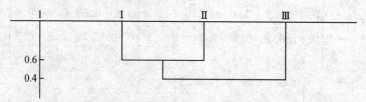

10. 用绝对值减数法计算地区 x_i 和 x_j 的相似系数 r_{ij}，

$$r_{ij} = \begin{cases} 1, & i = j, \\ 1 - 0.08 \sum_{k=1}^{4} |x_{ik} - x_{jk}|, & i \neq j, \end{cases}$$

以 r_{ij} 组成模糊相似矩阵 R：

$$R = \begin{bmatrix}
1 & & & & & & & & & \\
0.888 & 1 & & & & & & & & \\
0.728 & 0.808 & 1 & & & & & & & \\
0.800 & 0.784 & 0.848 & 1 & & & & & & \\
0.856 & 0.888 & 0.848 & 0.896 & 1 & & & & & \\
0.624 & 0.560 & 0.672 & 0.744 & 0.672 & 1 & & & & \\
0.432 & 0.368 & 0.480 & 0.584 & 0.480 & 0.808 & 1 & & & \\
0.488 & 0.424 & 0.536 & 0.460 & 0.536 & 0.864 & 0.944 & 1 & & \\
0.424 & 0.360 & 0.488 & 0.576 & 0.472 & 0.800 & 0.944 & 0.936 & 1 & \\
0.128 & 0.224 & 0.176 & 0.280 & 0.176 & 0.504 & 0.664 & 0.442 & 0.656 & 1
\end{bmatrix}$$

聚类分析图如下所示：

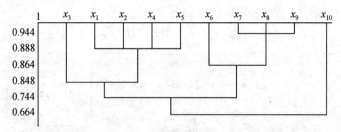

若取 $\lambda = 0.848$,则分为三类:$\{x_1, x_2, x_3, x_4, x_5\}$,$\{x_6, x_7, x_8, x_9\}$,$\{x_{10}\}$,表示北疆、南疆和吐鲁番地区.北疆适宜春播早、中熟品种,南疆适宜春播中、晚熟品种,夏播早熟品种,而吐鲁番不宜种玉米.

11. 由综合评价结果 $B_1 = (0.138, 0.138, 0.188, 0.536)$ 及最大隶属原则知,南宁不适宜种植橡胶;由综合评价结果 $B_2 = (0.93, 0.058, 0, 0.012)$ 及最大隶属原则知,万宁很适宜种植橡胶.

12. 由综合评判结果 $B = (0.375, 0.375, 0.25, 0, 0)$ 及最大隶属原则知,这是一位好老师.

第 四 章

7. 表 4-8 内容可写成:
$$x^{(0)}(t) = \{4.7668, 5.0492, 5.8571, 6.8\}.$$
一次累加数列为
$$x^{(1)}(k) = \{4.7668, 9.816, 15.6731, 22.4731\}.$$
建立数据矩阵 B 和 Y_n:

$$B = \begin{bmatrix} -\dfrac{1}{2}(4.7668 + 9.816) & 1 \\ -\dfrac{1}{2}(9.816 + 15.6731) & 1 \\ -\dfrac{1}{2}(15.6731 + 22.4731) & 1 \end{bmatrix} = \begin{bmatrix} -7.2914 & 1 \\ -12.74455 & 1 \\ -19.0731 & 1 \end{bmatrix},$$

$$Y_n = (5.0492, 5.8571, 6.8).$$

利用最小二乘法有

$$[a,u]^T = (B^TB)^{-1}B^TY_n,$$

其中，

$$B^TB = \begin{bmatrix} -7.2914 & -12.74455 & -19.0731 \\ 1 & 1 & 1 \end{bmatrix} \begin{bmatrix} -7.2914 & 1 \\ -12.74455 & 1 \\ -19.0731 & 1 \end{bmatrix}$$

$$= \begin{bmatrix} 579.3715 & -39.10905 \\ -39.10905 & 3 \end{bmatrix}.$$

因为

$$(B^TB \vdots I) = \begin{bmatrix} 579.3712 & -39.10905 & \vdots & 1 & 0 \\ -39.10905 & 3 & \vdots & 0 & 1 \end{bmatrix}$$

$$\sim \begin{bmatrix} 1 & -0.067522 & \vdots & 0.001726 & 0 \\ 0 & 0.3600531 & \vdots & 0.0675022 & 1 \end{bmatrix}$$

$$\sim \begin{bmatrix} 0 & 0 & \vdots & 0.0143812 & 0.1874784 \\ 0 & 1 & \vdots & 0.1874784 & 2.7773681 \end{bmatrix},$$

所以，

$$(B^TB)^{-1} = \begin{bmatrix} 0.0143812 & 0.1874784 \\ 0.1874784 & 2.7773681 \end{bmatrix},$$

$$B^TY_n = \begin{bmatrix} -7.2914 & -12.7445 & -19.0731 \\ 1 & 1 & 1 \end{bmatrix} \begin{bmatrix} 5.0492 \\ 5.8571 \\ 6.8 \end{bmatrix}$$

$$= \begin{bmatrix} -241.15871 \\ 17.7063 \end{bmatrix}.$$

所以，

$$\begin{bmatrix} a \\ u \end{bmatrix} = \begin{bmatrix} 0.0143812 & 0.1874784 \\ 0.1874784 & 2.7773681 \end{bmatrix} \begin{bmatrix} -241.15871 \\ 17.7063 \end{bmatrix}$$

$$= \begin{bmatrix} -0.1486058 \\ 3.964826 \end{bmatrix},$$

则得 $a = -0.1486058, u = 3.964826$. 进而由第四节的(6),(7)

208

式可得离散时间响应函数为

$$\hat{x}^{(1)}(k+1) = \left(4.7668 + \frac{3.964826}{0.1486058}\right)e^{0.1486058K}$$

$$+ \frac{3.964826}{-0.1486058}$$

$$= (31.446956)e^{0.1486058K} - 26.680156,$$

即　　$\hat{x}^{(1)}(k+1) = 31.446956e^{0.1486058K} - 26.680156$；

还原模型为

$$\hat{x}^{(0)}(k+1) = 0.1486058\left(4.7668 + \frac{3.964826}{0.1486058}\right)e^{0.1486058K},$$

即　　　　　　$\hat{x}^{(0)}(k+1) = 4.6732e^{0.1486058K}.$

模型检验见下表(绝对误差与相对误差检验)：

K 序号	计算值	实际累加值	误差(%)
$K=1$	9.805	9.816	0.11
$K=2$	15.65	15.6731	0.15
$K=3$	22.43	22.4731	0.17

还原模型检验见下表：

K 序号	计算值	原始值	残差	误差(%)
$K=1$	5.12	5.0492	-0.0708	-1.4
$K=2$	6.07	5.8571	0.2129	-3.6
$K=3$	7.00	6.8	0.2	-2.9

由以上检验可知,计算值与原始值误差较小,预测模型可通过.

灰色模型预测：

用预测模型计算 2006—2010 年该市的社会消费品零售总额分别为：

2006 年　$\hat{x}^{(0)}(4+1) = 4.6732e^{0.1486058\times4}$亿元$=8.47$ 亿元；

2007 年　$\hat{x}^{(0)} = 4.6732e^{0.1486058\times5}$亿元$=9.82$ 亿元；

2008 年　$\hat{x}^{(0)} = 4.6732e^{0.1486058\times6}$亿元$=11.40$ 亿元；

2009 年　$\hat{x}^{(0)} = 4.6732e^{0.1486058 \times 7}$ 亿元 $= 13.22$ 亿元；

2010 年　$\hat{x}^{(0)} = 4.6732e^{0.1486058 \times 8}$ 亿元 $= 15.34$ 亿元.

由此可见,该市 2006—2010 年消费品零售总额处于增长趋势,且各年分别可达到 8.47 亿元、9.82 亿元、11.40 亿元、13.22 亿元和 15.34 亿元.

参 考 文 献

[1] 李思一.战略决策与信息分析.北京：科学技术文献出版社，2001

[2] 徐国祥主编.统计预测和决策(第二版).上海：上海财经大学出版社，2005

[3] 肖筱南.一类统计决策优化模型的建立及其应用研究,西北大学学报，1996,(6)

[4] 冯文权,茅奇,周毓萍.经济预测与决策技术(第四版).武汉：武汉大学出版社,2002

[5] 韩伯棠.管理运筹学(第2版).北京：高等教育出版社,2005

[6] 贾乃光译.统计决策论及贝叶斯分析.北京：中国统计出版社,1998

[7] 郭仲伟.风险分析和决策.北京：机械工业出版社,1987

[8] 卢卫,雷鸣.现代经济预测.天津：天津社会科学院出版社,2004

[9] 汪培庄,韩立岩.应用模糊数学.北京：北京经学院出版社,1989

[10] 肖筱南.多因素 Fuzzy 积分最佳综合评判及其应用研究,当代经济科学,1994,(3)

[11] 肖筱南.统计决策中 Fuzzy 信息处理研究,系统工程,1993,(3)

[12] 贺仲雄,王伟.决策科学——从最优到满意.重庆：重庆出版社,1988

[13] 肖筱南.企业活力评判决策中的多指标优选 Fuzzy 聚类分析,当代经济科学,1996,(1)

[14] 邓聚龙.灰色理论基础.武汉：华中科技大学出版社,2002

[15] 姜振环主编.软科学方法.哈尔滨：黑龙江教育出版社,1994

[16] 肖筱南.一类 Fuzzy 决策优化判别模型的建立与应用,统计与社会,1995,(1)

[17] 蔡文,杨春燕,林伟初.可拓工程方法.北京：科学出版社,1997

[18] 肖筱南.基于物元变换的可拓决策方法,当代经济科学,1997,(1)

[19] 杨春燕,张拥军.可拓策划.北京：科学出版社,2002

[20] 吴泉源,刘江宁.人工智能与专家系统.长沙：国防科技大学出版社,

1995

[21] 肖筱南. 一种改进的 Fuzzy 信息检索方法及其应用,统计与信息论坛,2004,(1)

[22] 肖筱南. Beyes 统计中先验信息的确定与统计分析,中华学术论坛,2004,(3)

[23] 邢传鼎,杨家明,任庆生. 人工智能原理及应用. 上海:东华大学出版社,2005

[24] Didier Dubois and Henri Prade,Fuzzy Sets and Systems,Academic Press,1980

[25] Gupta M,Sanchez E. Fuzzy Information and Decision Pricesses,North-Holland,1982

[26] Tan Xuerui, Deng Julong, Chu Yingjie. Grey Relational Analysis on Circadian Variation of Plasma Renin Activity, Angiotensin II and Blood Pressure in Hypertensives. The Journal of Grey System,1999,(1)

[27] Zhou C X, Zhang J, Deng J L. A new method of forecasting gross in dustral output. In: Grey System, China Ocean Press, 1988

[28] Deng Julong. Grey group decision in grey relational space. The Journal of Grey System, 1998,(3)